疯狂小虫

[英] 西蒙·泰勒 | 著
姚云志 | 译

U0311786

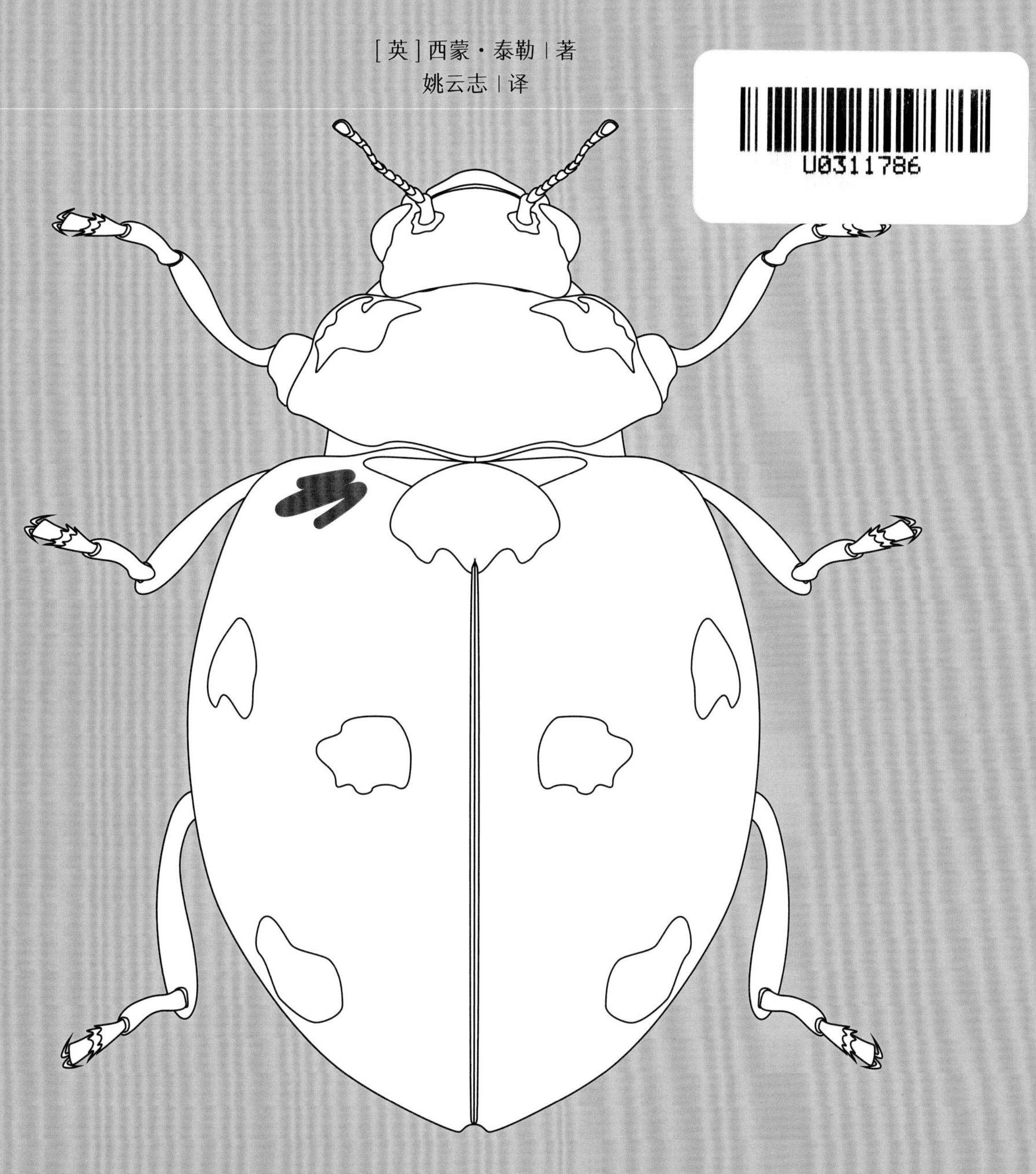

外语教学与研究出版社
FOREIGN LANGUAGE TEACHING AND RESEARCH PRESS
北京 BEIJING

目录

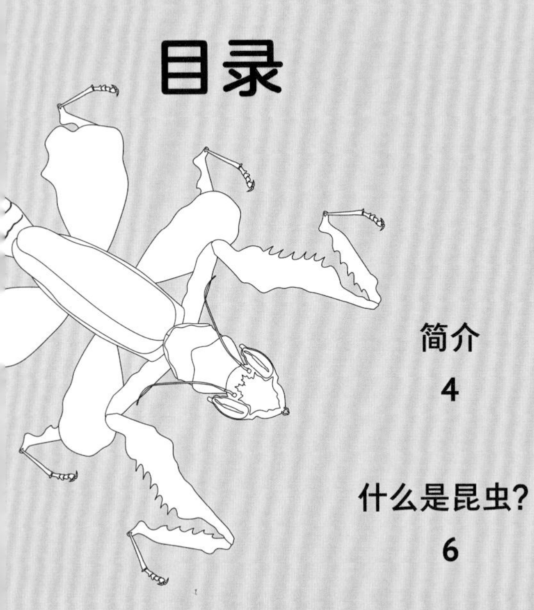

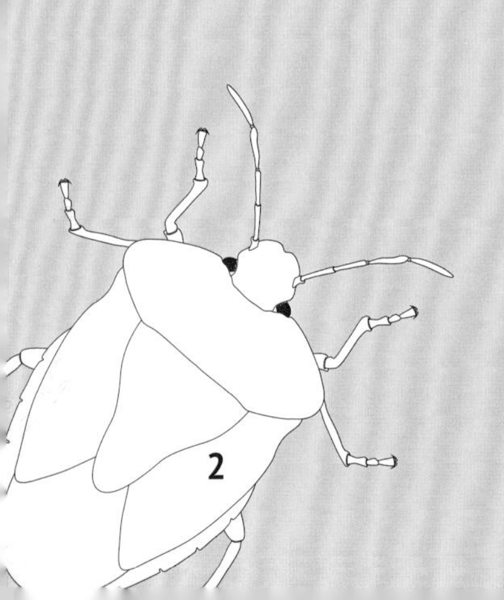

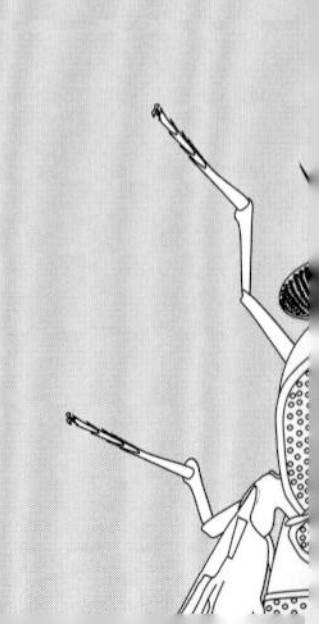

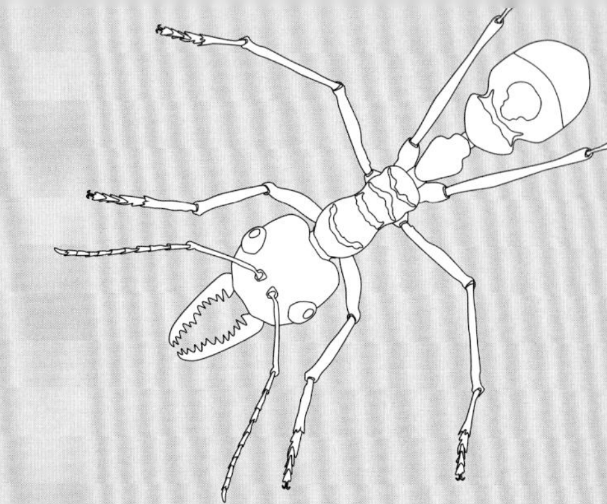

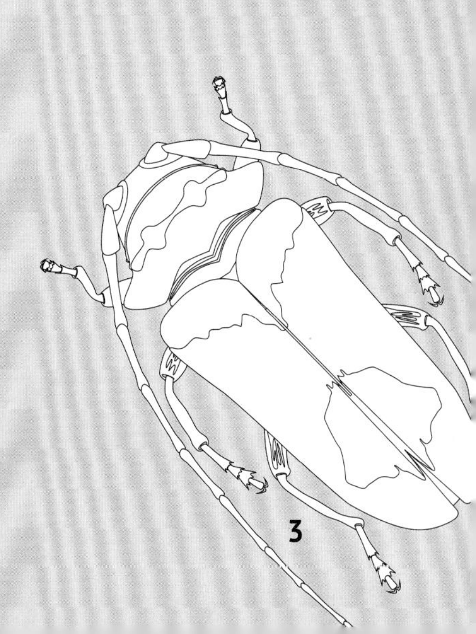

简介

欢迎大家来到令人着迷的昆虫世界！

在我们共同生活的地球上，昆虫的种类比其他任何一类生物都要多许多。今天，昆虫学家们已经发现了一百万种以上的昆虫，但是相对于在我们地球上生活的各种各样、数量庞大的昆虫而言，我们也仅仅是了解了非常少的一部分，仍然有许许多多未知的昆虫等待我们去发现它们的踪迹。

昆虫的样子千变万化，它们大小不一、形状各异、五颜六色。昆虫的本领也各不相同：有的善于飞行，有的善于爬行，有的是挖土高手，还有的是游泳健将。事实上，昆虫的踪迹遍布地球的各种生态环境，从雄伟的高山到大森林的深处，从干旱的荒漠到浅层的海洋，甚至在城市中心的最高处，都能找到它们活跃的身影。

这本书可以帮助大家更好地了解、认识昆虫——了解它们的生活习性和它们的多样性，感受这些昆虫惊人的分布范围，一起探寻昆虫世界生命的美丽。在这本书中我们会从下面几个不同的角度介绍昆虫——什么是昆虫，它们如何在地球上生存，昆虫怎样感知这个世界，以及它们如何保护自己使自己远离自然界中的各种危险；此外，本书的后半部分还详细地介绍了我们生活中常见的昆虫。

本书中的插画没有按照昆虫的实际尺寸画，图片里的昆虫通常要大于自然界中的昆虫，这样做主要是便于帮助读者们更好地观察它们的细节。同时，我们在每种昆虫的介绍中都标注了它们的实际大小。①

在这本书中，你们也许会发现一些不熟悉的科学术语，这些术语首次出现时会用粗体表示，为了保证科学性，关键的科学术语会在本书的最后给出解释。

蓝蕈甲

Gibbifer californicus

分布在美国西南部以及墨西哥北部

体长：15毫米

这种甲虫的名字来源于它们的食物——它们非常喜欢取食枯枝败叶上的真菌。

① 书中昆虫参照尺寸多以欧洲及美洲昆虫体长为准，部分种与国内昆虫实际体长有所差异，仅供参考。

什么是昆虫？

昆虫是地球上数量最多的动物，有时我们也会叫它们“小虫子（bugs）”。但是“bugs”其实特指一类能够释放臭味的特殊半翅目昆虫，我们叫它们“蝽”。

右图中所展示的就是一种半翅目昆虫，它被人们称为毕加索盾蝽（*Sphaerocoris annulus*）。

所有的昆虫都有以下**特征**：

1. 它们都有六条足，称为**六足动物**（hexapods，在希腊文中hex的意思是6，poda的意思是足，两个词合在一起的意思为具有六条腿的动物）。

2. 它们身体表面都具有非常坚硬的骨骼，称为**外骨骼**。

3. 它们的身体都分为三个部分，**头部**、**胸部**和**腹部**。

昆虫是**节肢动物门**中种类最多的一类。此外，节肢动物门还包括蛛形类动物（例如蜘蛛和蝎子）、多足类动物（包括蜈蚣和马陆）、甲壳类动物（例如磷虾、潮虫、螃蟹和龙虾）等。

毕加索盾蝽

Sphaerocoris annulus

遍布非洲，包括肯尼亚、坦桑尼亚、尼日利亚和南非

体长：8毫米

这种蝽以西班牙著名艺术家巴勃罗·毕加索命名，因为昆虫身上的图案与毕加索的作品十分相似。与其他的盾蝽一样，毕加索盾蝽也能够喷射出具有难闻气味的液体，使它们的捕食者望而却步。

昆虫的身体结构

昆虫在形状、大小、颜色和色斑型上都存在很大差异。

尽管如此，所有昆虫却具有相同的基本身体结构。

头壳包在昆虫大脑的外面。坚硬的头壳外部长着昆虫的眼睛、**触角**以及口器。

昆虫的胸部里面着生着部分消化系统及循环系统。昆虫漂亮的翅膀（如果有的话）和足也都长在昆虫的胸部上。

昆虫的腹部里面主要是昆虫的消化系统、心脏、生殖器官，以及有些昆虫还拥有的刺！

昆虫的外部结构

尽管昆虫拥有千变万化的样子，但大部分昆虫的基本外形看起来很相似。这里我们通过犀牛蟑螂（*Macropanesthia rhinoceros*）来认识昆虫的外部结构。

就像我们之前了解的那样，所有的昆虫都有头①，胸②和腹③。

昆虫的头上都生有一对触角④，它们是昆虫的感觉器官。

昆虫的胸部被分为三个不同的部分，前面的前胸⑤，中间的中胸⑥，以及后面的后胸⑦。

相对应地，昆虫的足的名称也取决于它们的位置，前足⑧位于中足⑨前，后足⑩位于最后面。

尾须⑪位于昆虫的后部，是一种感觉器官，也可能起到防御的作用。对于大多数昆虫，尾须已经不再拥有任何有用的功能，这种没有任何功能的结构被称为**退化结构**。

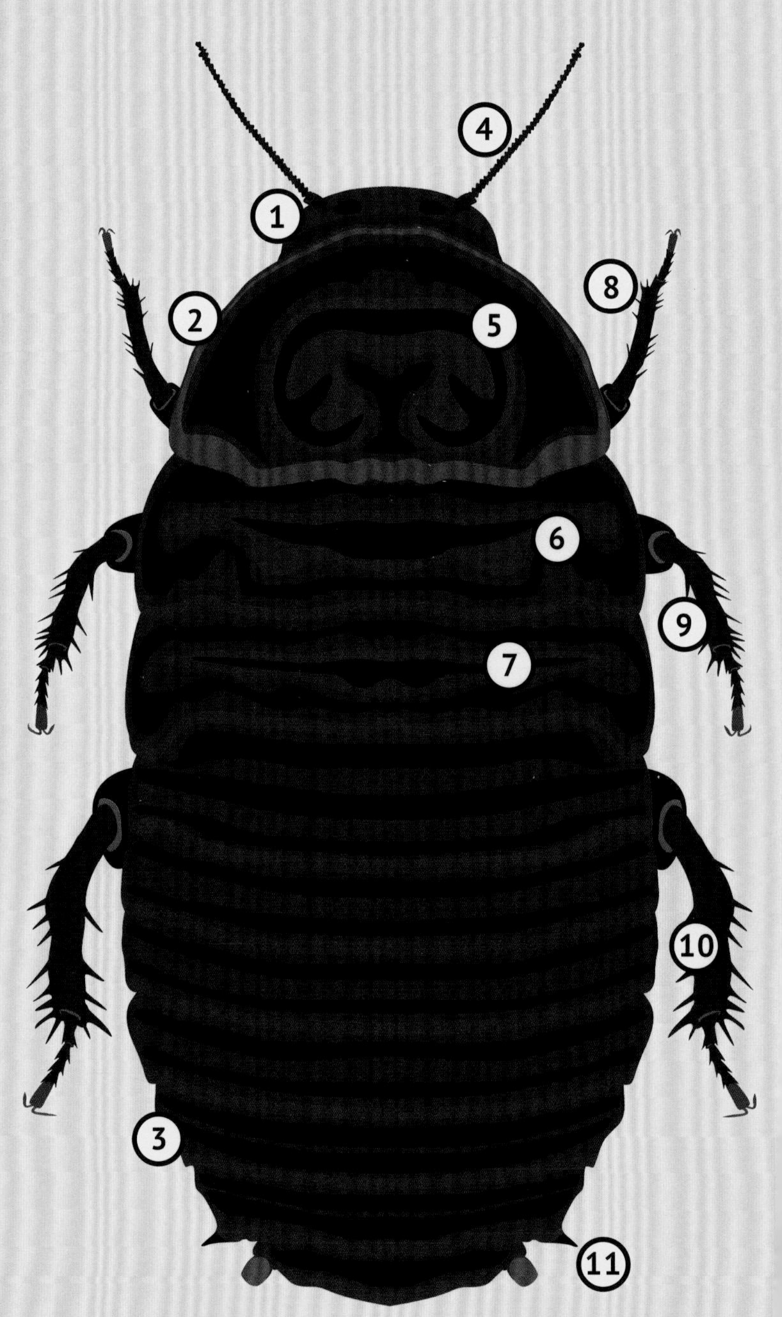

在头部的腹面一侧有昆虫的口器⑫。

昆虫的足部与胸部相连接的这一节称为基节⑬，紧随其后的一节称为转节⑭。

股节⑮和胫节⑯通常是昆虫足部最长的部分。

足的最后一节是跗节⑰，通常由5个单独的小节组成。在跗节的最末端是一对爪⑱。一些昆虫在跗节的基部还有垫，被称为中垫。

通常，擅长挖土的昆虫都会有一对又大又强壮的前足，帮助它们与土石对抗；而擅长跳跃的昆虫都会具有一对长而有力的后足，可以帮助它们跳得更高、更远。

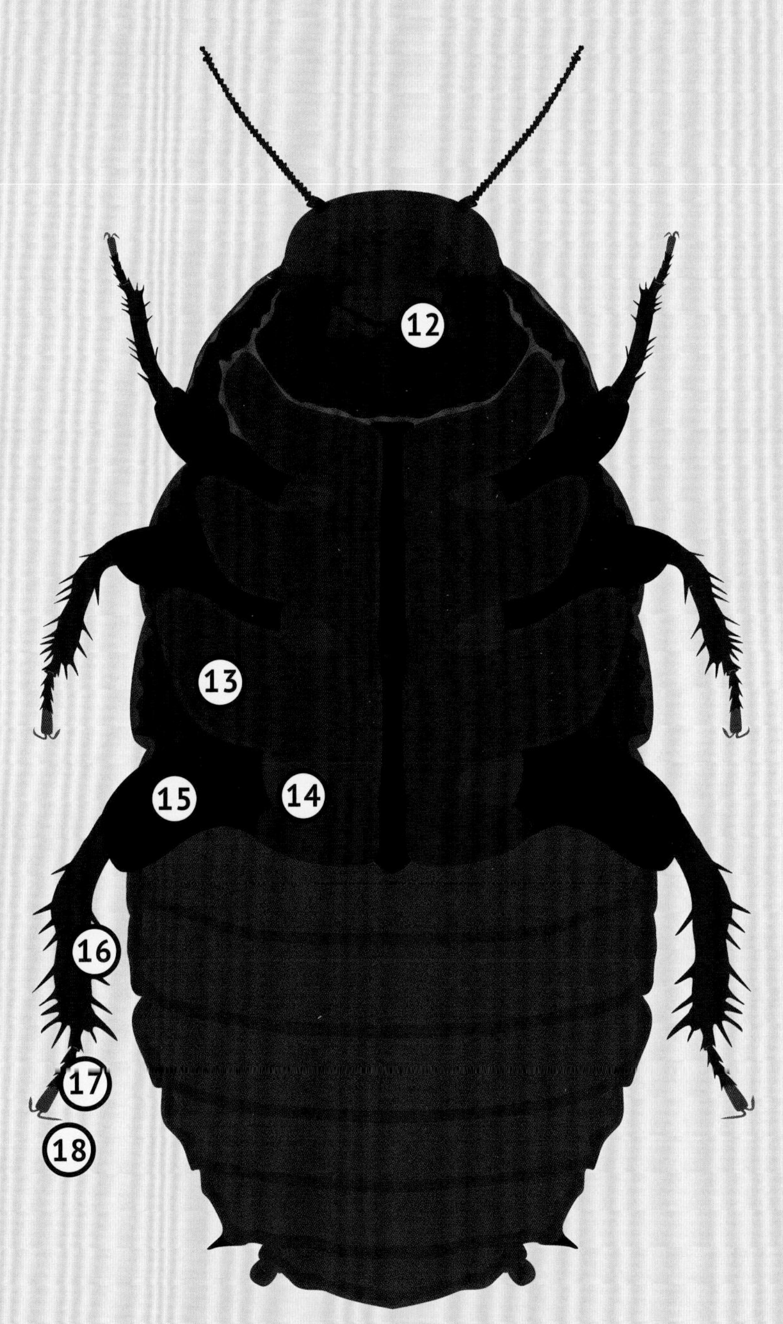

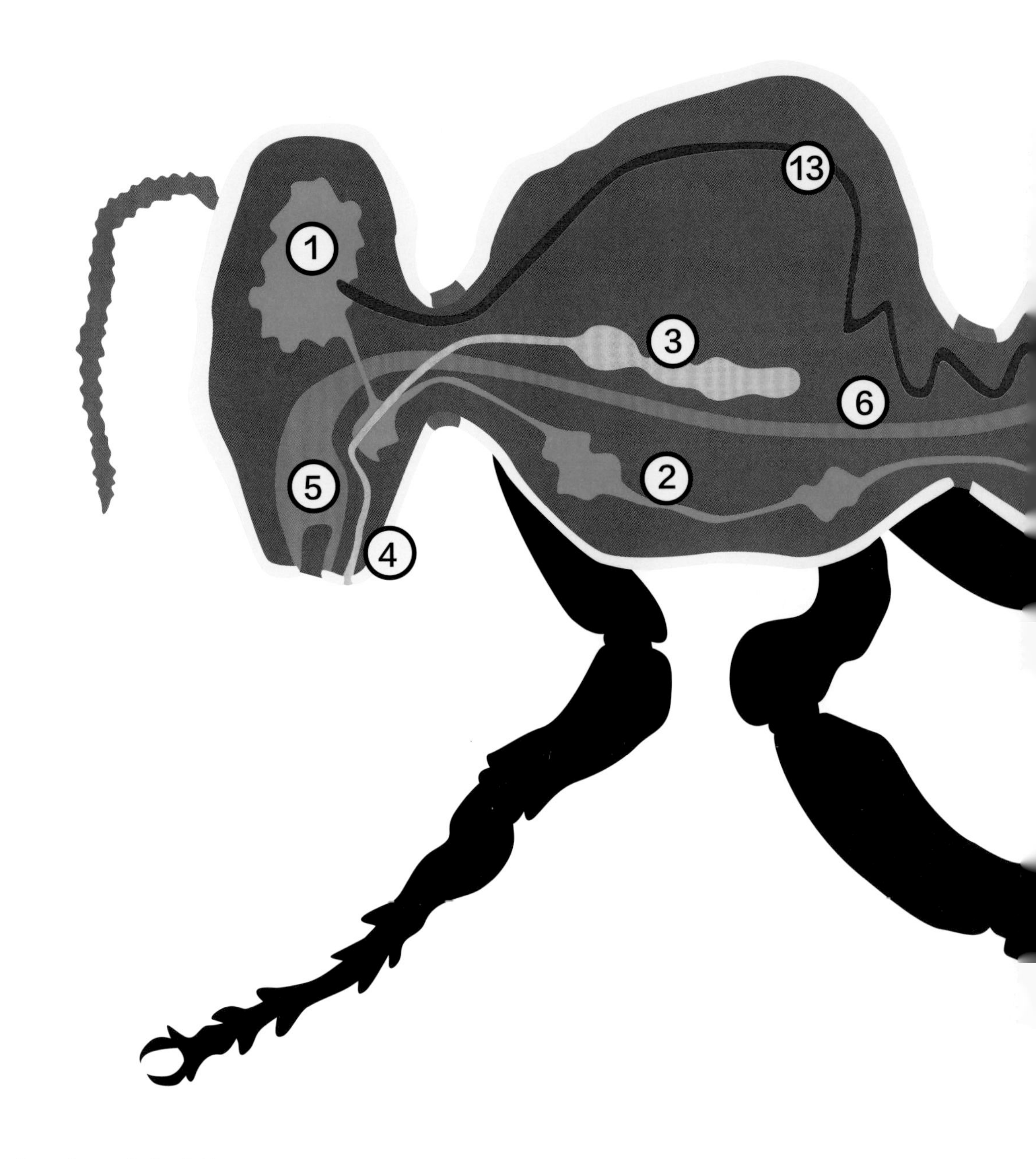

昆虫的内部结构

许多昆虫的内部结构也很相似。在这里让我们一起了解一下西方蜜蜂（*Apis mellifera*）的内部结构。

蜜蜂的大脑①位于头壳里。它们的中枢神经系统包括大脑、围咽神经环、咽下神经节以及延伸至蜜蜂腹部的神经索②，是典型的链式神经系统，虫体的其他神经系统均与中枢神经系统相连。

蜜蜂通过唾液腺③产生唾液，唾液经过唾液腺导管④进入到口腔⑤。唾液可以帮助蜜蜂完成食物的消化，还可以用于喂养巢中的**幼虫**。蜜蜂吃的食物会通过食道⑥进入嗉囊⑦中储存起来。当蜜蜂返回巢中时，蜂蜜从嗉囊中回流出来，储存在蜂巢中。其余的食物（大部分是花粉）则会进入到胃⑧里进行消化。

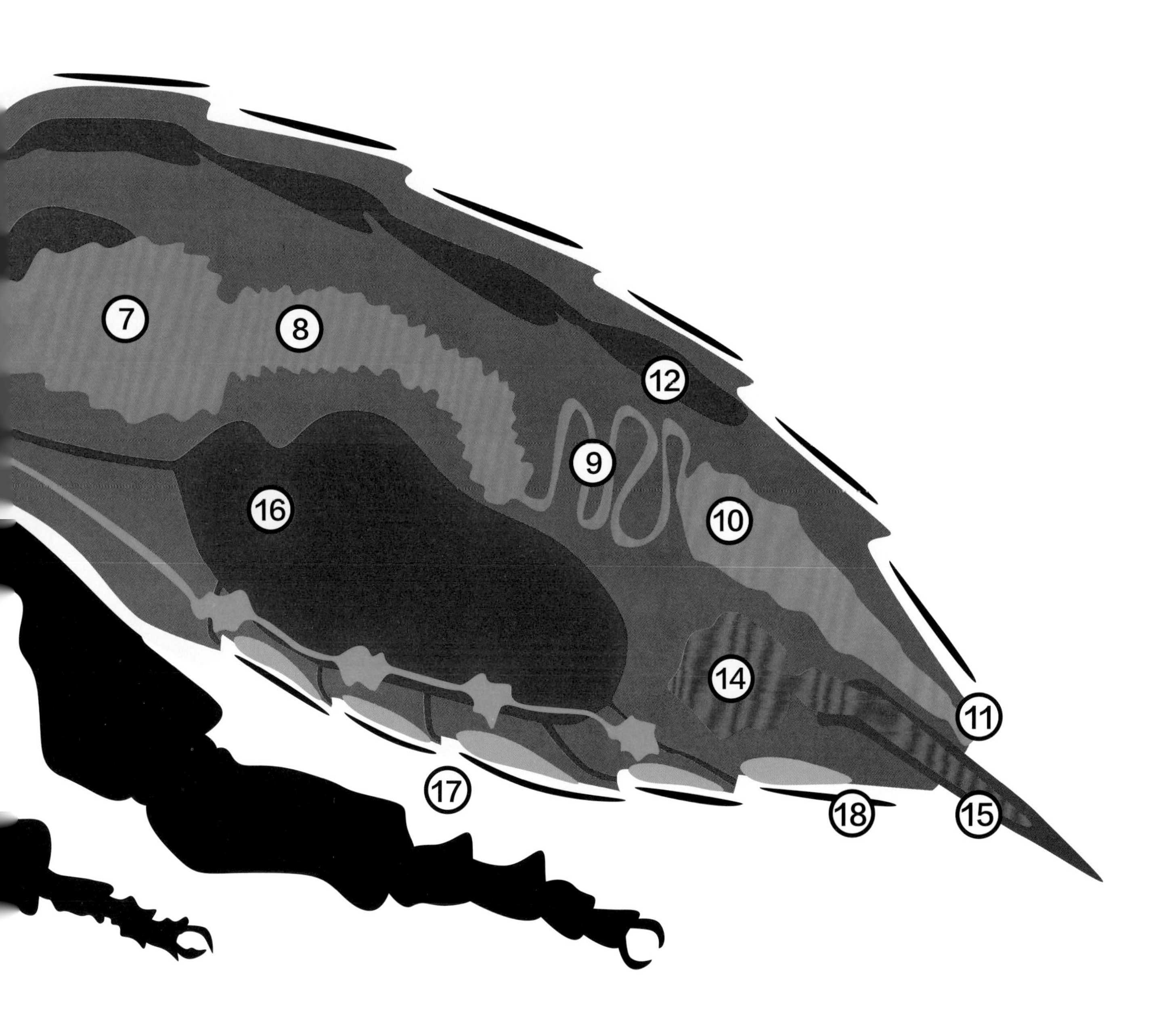

营养和水分会在肠道⑨中被吸收，食物的残渣经过直肠⑩，最后通过肛门⑪排出体外。

蜜蜂的心脏⑫通过一根叫作主动脉⑬的导管将**血淋巴**向前泵入大脑。蜜蜂的毒囊⑭储存着有毒物质，当它们用尾针⑮蜇刺时，有毒物质会从尾针释放出来。

蜜蜂通过气囊⑯进行呼吸，气囊将外界的空气经过身体腹部的气门⑰吸入到身体里。蜜蜂的腹部下面具有蜡腺⑱，它们用蜡腺产生的蜡状物来建造巢穴。

昆虫的种类

就像我们在前面介绍的那样，昆虫是动物界中非常有趣，同时也是非常重要的一个类群。在生物学中，分类学家们通常将一些在外形上相似的**生物体**归入到一个对应的分类阶元中，这就是我们说的**分类学**。

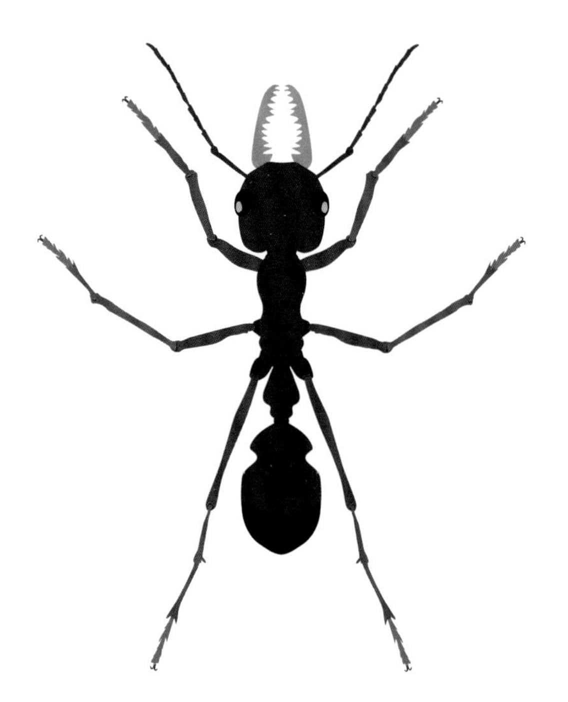

红牛头犬蚁

纲
昆虫纲

目
膜翅目

科
蚁科

属
牛头犬蚁属

种
红牛头犬蚁

昆虫学家们根据不同昆虫之间的外形差异，可以将它们分成不同的**目、科、属、种**。

例如，左边这个红牛头犬蚁。科学家将这个类型的蚂蚁命名为（以**双名法**）：*Myrmecia gulosa*（红牛头犬蚁）。

通过这个名字我们可以知道这种蚂蚁的物种归属。一个物种就是指生活在相同的环境中、外形相似并且在自然界中可以交配产生**可育**后代的生物体。

红牛头犬蚁属于牛头犬蚁属。同一个属中的蚂蚁在外形上已经非常相似了，但是同一个属内的不同种之间还会有一些小差异，比如它们身体的形状、大小或者它们的生活环境。

而不同属的蚂蚁又属于更高一级的分类阶元，我们称为科。所有蚂蚁所在的科被称为蚁科。在地球上生活的任何一种蚂蚁（现生的或灭绝的）都属于这个科，也包括那些还未被科学家发现的蚂蚁。

蚁科和其他的科（包括蜜蜂类和胡蜂类）组成了更高一级的分类阶元，我们称为目。蚂蚁、蜜蜂、胡蜂等这些成员构成的目被称为膜翅目。

膜翅目以及其他目组成了一个更高一级的分类阶元，我们称为昆虫纲。

这就是我们说的昆虫纲中的不同分类阶元。

主要的昆虫目：

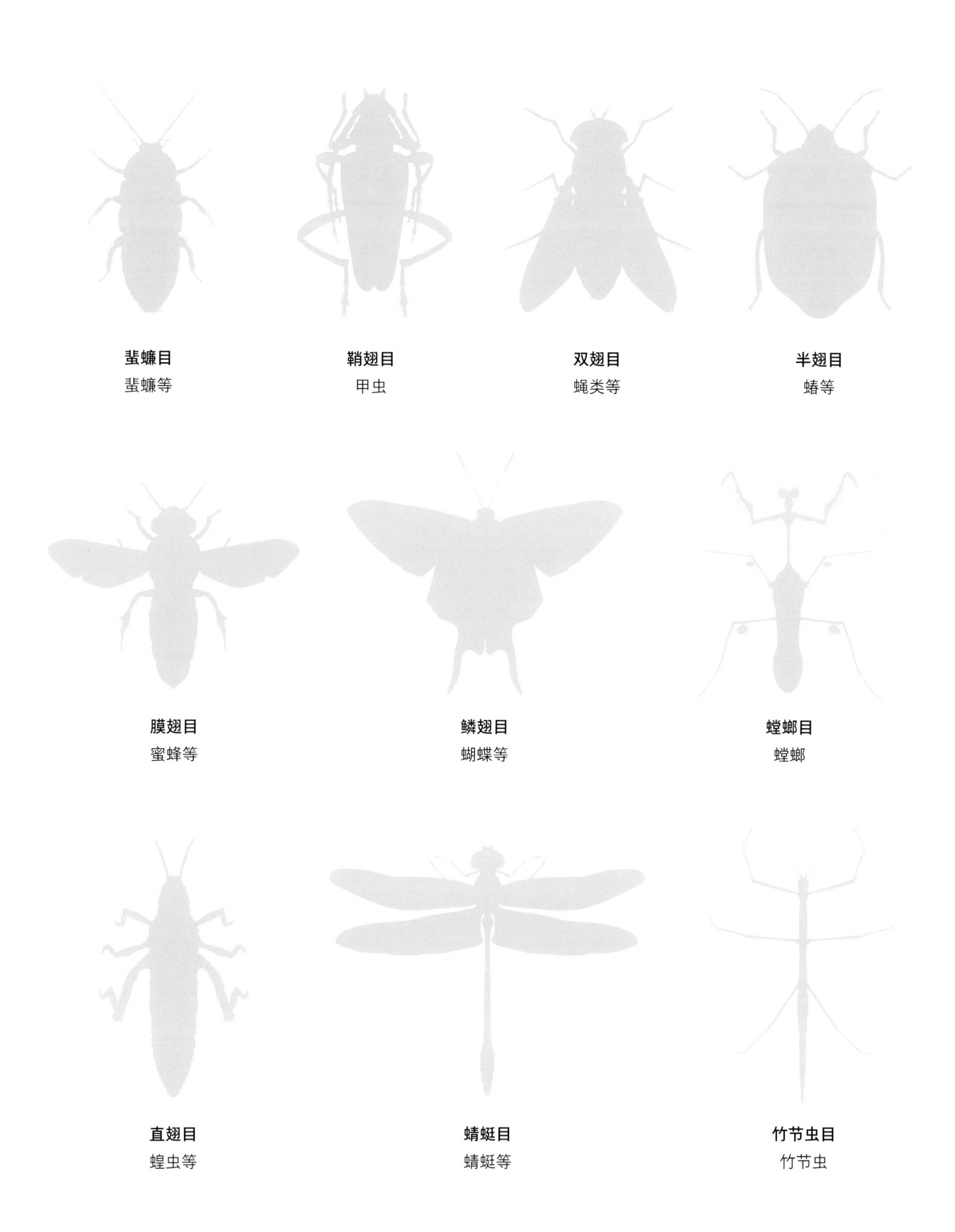

蜚蠊目
蜚蠊等
鞘翅目
甲虫
双翅目
蝇类等
半翅目
蝽等
膜翅目
蜜蜂等
鳞翅目
蝴蝶等
螳螂目
螳螂
直翅目
蝗虫等
蜻蜓目
蜻蜓等
竹节虫目
竹节虫

昆虫的生命周期

大部分的昆虫会通过产卵来繁育后代，它们从一颗卵到长成**成虫**要经过一系列不同的发育阶段。某些昆虫，例如蝴蝶、蛾子、蝇类、胡蜂、蜜蜂、甲虫等要经历一次像下图中所示的发育过程。在这个过程中，昆虫在卵和成虫之间会有各种不同的样子。

有些昆虫像是蟑螂和螽斯，它们从卵变成小幼虫，从小幼虫发育为成虫时也要经历相似的体型变化过

统帅青凤蝶——从卵到成虫

一只雌性蝴蝶将卵产在植物的叶子上。这些卵通常只需要3到4天就能孵化。

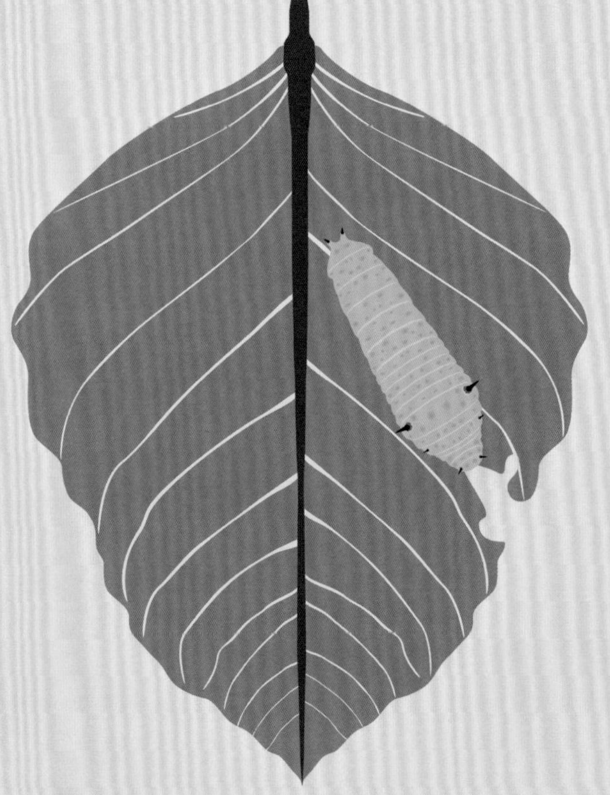

一只毛毛虫（也就是幼虫）从卵中孵化出来。刚孵化出来的蝴蝶幼虫是非常小的，但是它却有着非常好的食欲，它会不停地吃东西，让自己长大。

程。它们的幼虫在昆虫学中被称为**若虫**。这些若虫不断地生长，每生长一段时间之后，因为包在身上的外骨骼限制了它们进一步长大，所以它们会脱掉一次外骨骼，这个过程称为蜕皮，两次蜕皮之间的时间叫作龄期。蜕皮是为了让自己长得更大。

有一小部分昆虫，例如**蚜虫**，它们会直接生出小蚜虫，而不是卵，但这并不常见。

毛毛虫经过一段时间的生长之后会化成**蛹**，我们称这个过程为**变态**。蛹会固定在叶子上，直到蛹壳里面毛毛虫的身体开始分泌黏液，挣破蛹壳之后它就会变成美丽的蝴蝶。

从毛毛虫化蛹到挣脱蛹壳成为会飞的蝴蝶大概需要两周的时间。蝴蝶就是毛毛虫经过变态发育的最终虫态，昆虫最终的虫态就被称为成虫。

昆虫的“眼睛”

大部分昆虫拥有**复眼**，复眼是由许许多多独立的**小眼**组合在一起形成的、像马赛克一样的模块。它们通常位于昆虫头部的两侧［例如反吐丽蝇（*Calliphora vomitoria*），见下图］，但有些昆虫的复眼也会在头部的中间相互接触。

复眼可以为昆虫提供非常广阔的视野，帮助昆虫观察到它们旁边甚至是身体后方潜伏的**捕食者**。昆虫复眼也可以很好地判断距离——这对于一些捕食性的昆虫捕捉猎物是很有帮助的。

某些昆虫不仅拥有大大的复眼，还会有一些结构简单的眼，被称为**单眼**。单眼常位于头的背面或是头顶部［例如线纹巨螳（*Sphodromantis lineola*），见下图，头部有红色的单眼］。昆虫的单眼并不是用来视物的，而是用来感知光线的细微变化。这些单眼还可以帮助昆虫通过太阳来定位，找到回家的路。

某些居住在洞穴或是地下的昆虫通常只有单眼，有的甚至连单眼也退化消失了。这些昆虫会通过其他的方式去感知周围的环境。

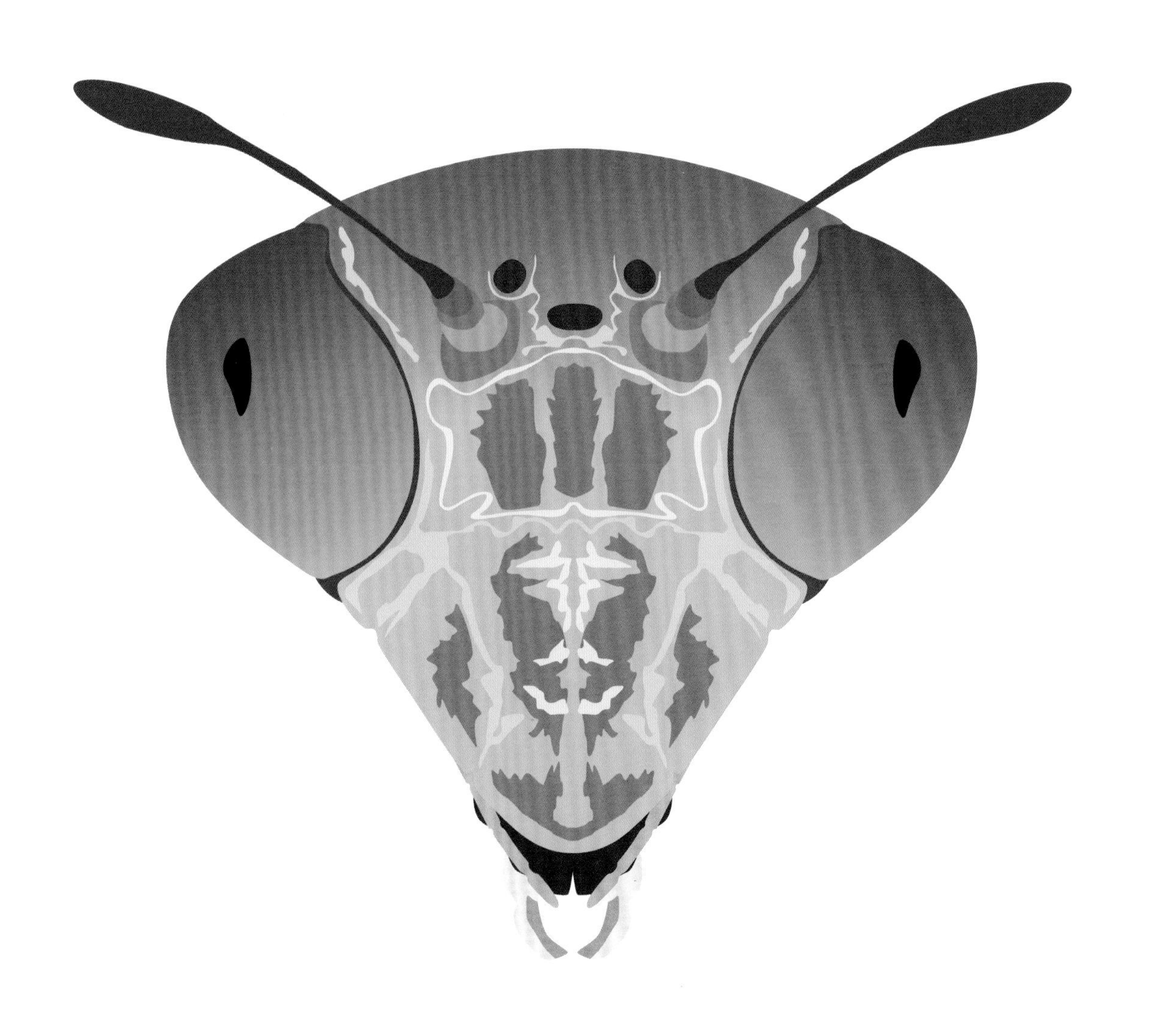

昆虫的其他感觉

昆虫除了利用眼睛去感知外界环境外，还拥有别的感知外界环境的方式，其中最主要的就是通过它们的一对触角。所有的昆虫都有触角，不同种类的昆虫，其触角的形状、大小以及感知周围环境的方式不同。

触角最主要的功能就是感知气味。每个触角都有一类感受器，被称为**嗅觉感受器**，嗅觉感受器可以感受周围环境中存在的气味分子，然后将这个信息传到大脑。周围环境里的气味可能是食物散发出来的，也可能是其他昆虫释放出来的。

如果嗅觉对于某一种昆虫的生存很重要，那么其触角的结构就会变得更加复杂。有些昆虫（如雄性的蛾子）就长有羽毛状的触角，这样的结构能够增加触角的接触面积，提高昆虫的嗅觉能力。

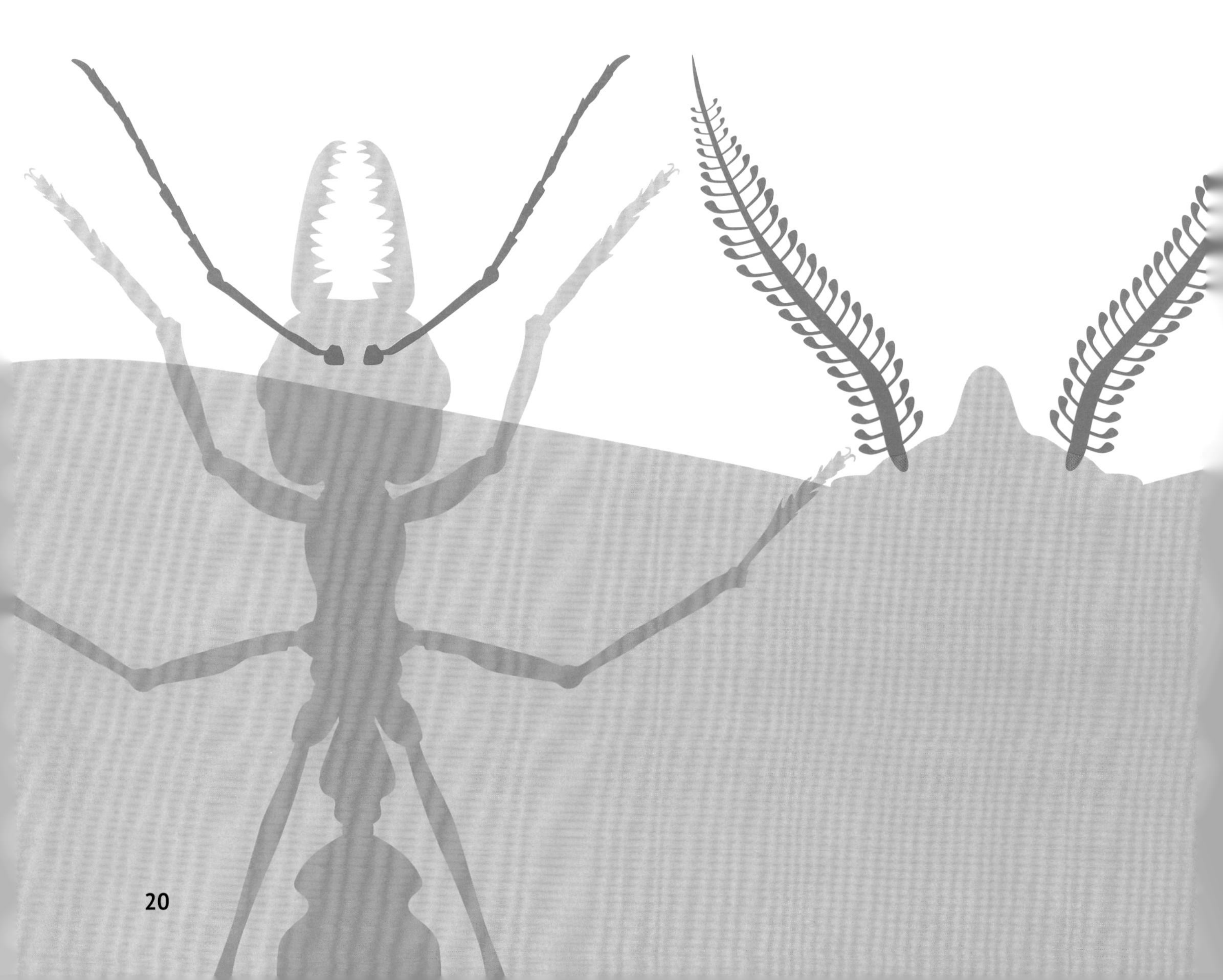

昆虫也会用触角去触碰周围的环境。触角上的触觉感受器可以让昆虫感受到遇到的各种东西。这些感受器甚至还可以感受到风向和空气中细微的振动。

昆虫的感觉器官不仅长在头上，有些昆虫在身体的其他部位也长有重要的感觉器官。比如蟋蟀的耳朵就长在它们的前腿上，我们称为**听器**；而蝗虫的耳朵则长在它们腹部的两侧。

有些昆虫，比如苍蝇，它们的味觉感受器长在脚上，只需要用脚在食物上粘一下，苍蝇就可以辨别食物的味道是甜的还是苦的！！

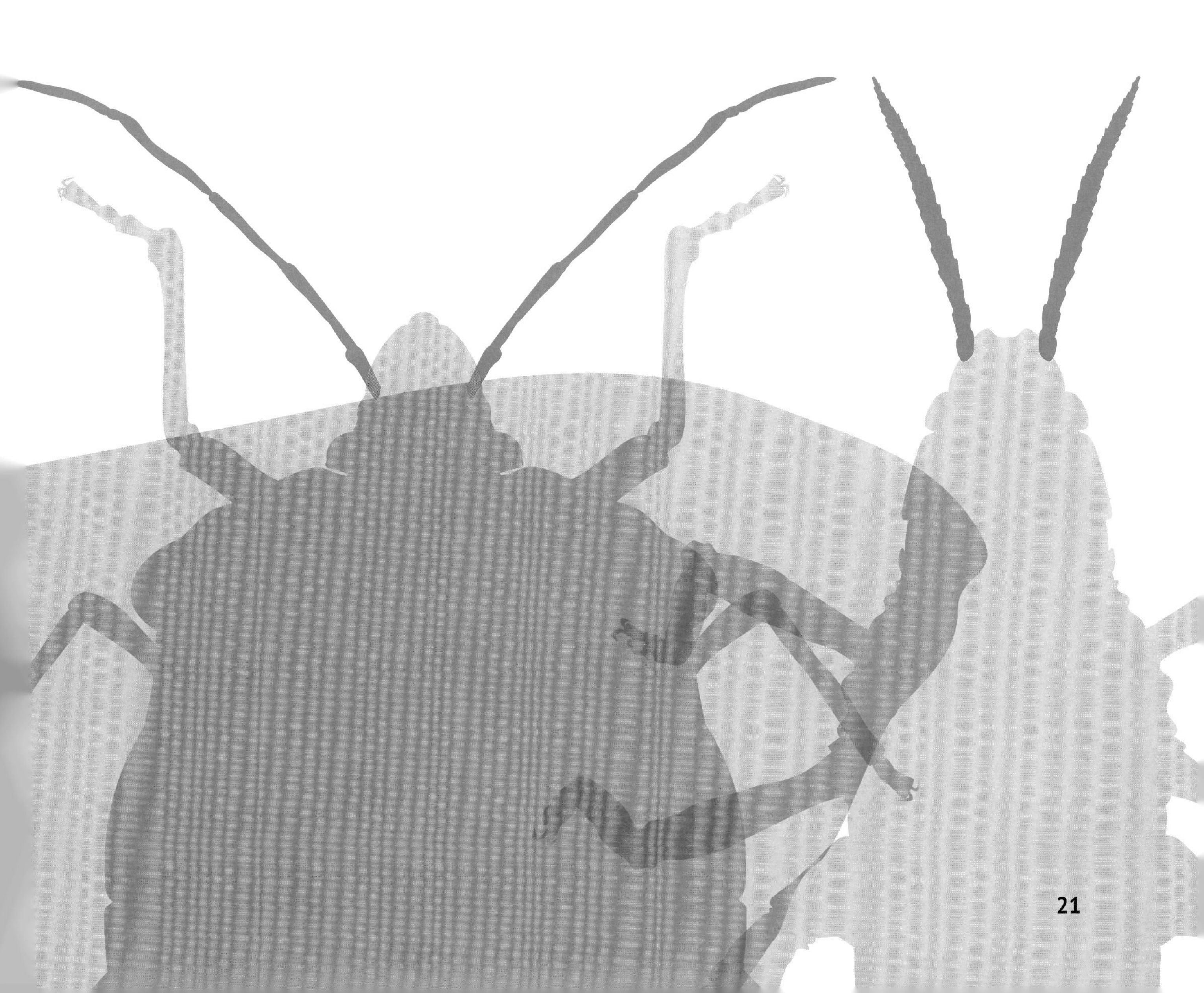

昆虫的防御

由于很多昆虫的体型都很小，攻击力和防御力都不足，导致它们很容易被包括其他昆虫在内的捕食者吃掉。为此昆虫演化出了许多的防御策略来保护自己。

毒和亮丽的色彩

昆虫在幼虫阶段很容易被攻击，因此很多昆虫演化出了一些防御措施来保护自己。千里光蛾毛毛虫（*Tyria jacobaeae*），见下图，会吃有毒的千里光的叶子，而叶子的毒素会在毛毛虫体内逐渐累积。如果捕食者吃掉这样的毛毛虫，就会引起捕食者的恶心、呕吐，毛毛虫体内的毒素甚至可以毒死捕食者。这些有毒的昆虫身体上通常有亮丽的黄色条纹，捕食者看到这些标志性图案就会远离它们。

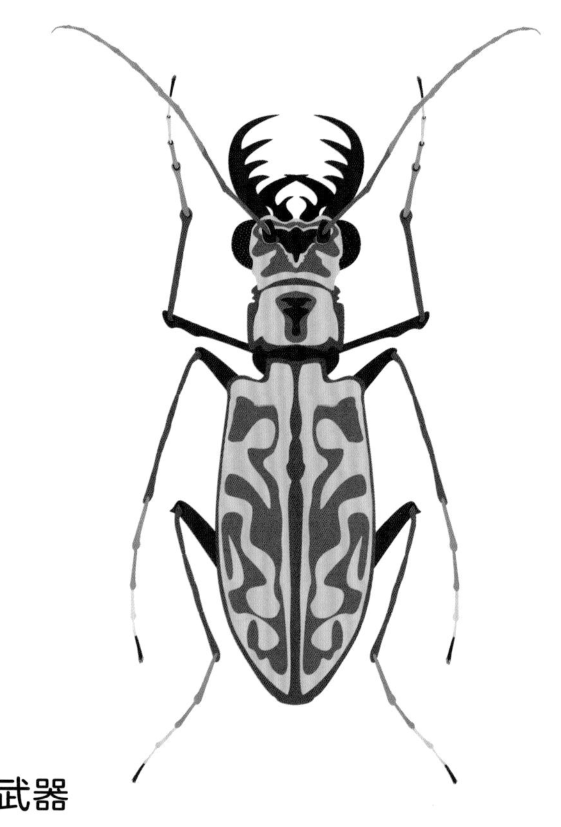

武器

昆虫通常会用刺、毛和强大的口器等身体结构来保护自己。一些甲虫可以对带有侵略性的攻击做出响应，例如滩涂虎甲虫（*Cicindela trifasciata*），见上图，会痛咬入侵者。其他昆虫，比如金环胡蜂（*Vespa mandarinia*）有强大的毒刺，可以用它们的毒刺重伤或杀死任何想要猎食它们的捕食者。

伪装

一些昆虫，特别是蝴蝶和蛾类，例如玉米天蚕蛾（*Automeris io*），见上图，翅膀上长有一对像大眼睛一样的图案。这些图案能够恐吓一些小型鸟类捕食者，让它们以为这些昆虫是更大的鸟，会给它们带来危险。

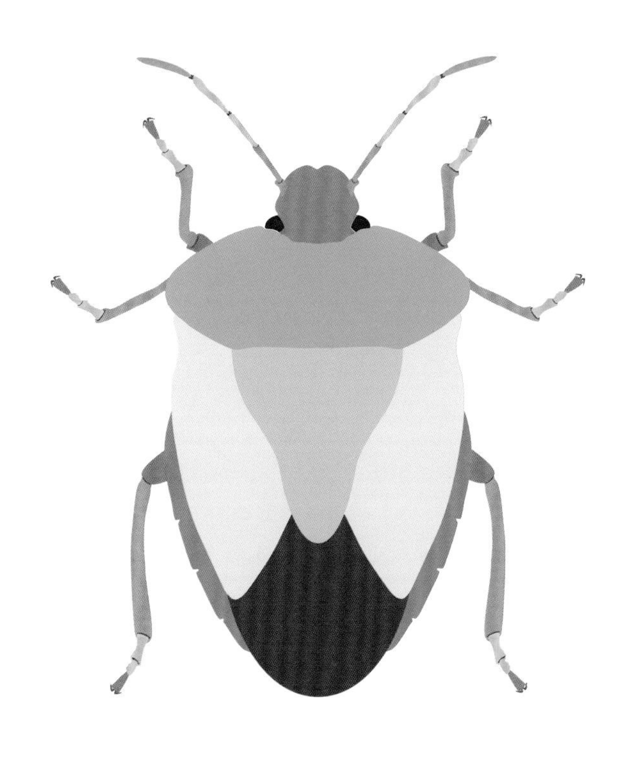

昆虫喷雾

还有一些昆虫演化出了一种很特别的、会使捕食者不舒服的防御机制——它们可以向捕食者喷射恶臭的液体。例如红尾碧蝽（*Palomena prasina*），见左图，腹部的臭腺可以产生有毒化学物质，当它们受到惊吓时，就会喷射毒液，来阻止捕食者的捕食。

昆虫吃什么？

昆虫的食物种类丰富，并且不同的昆虫也演化出了各种聪明的策略来获得它们喜爱的食物。昆虫演化出来的各种各样、结构复杂的口器能够帮助它们吮吸或咀嚼食物。有些昆虫甚至可以自己种植食物。

很多昆虫是**肉食性**的，包括螳螂、蜻蜓、一些蜻类和一些甲虫。虎甲是一种中等大小的昆虫，却是地球上最可怕的捕食者之一。它们的移动速度非常快，可以用强有力的口器抓住其他昆虫或蜘蛛。

蜻蜓是一种非常出色的空中捕食者，它们可以在空中悬停，并在空中捕捉并吃掉猎物。大多数的蝴蝶和蛾子有发达的、专门用于吸食液体食物的口器，如吸食植物花蜜、树液和腐烂的水果汁液等。

有些昆虫的适应能力更强，例如蜜蜂，既可以吮吸液体花蜜，也可以取食像花粉一样的固体食物。

一些蚂蚁和白蚁能够把可以生长出真菌的植物材料搬进巢中，然后在这些材料上面种植真菌，等真菌长出来之后以真菌作为食物——真是非常机智！

很多昆虫雌性和雄性的食物是不同的。例如很多双翅目的蚊子、虻类和蠓类的雌虫吸食动物的血液，但雄虫则以植物花蜜为食。这是因为雌虫需要从吸食的血液中获得一些特殊的蛋白质来满足产卵时需要的能量（称为**非自发性生殖**）。

大多数昆虫会在喜欢吃的食物上产卵，这样幼虫从卵中孵化出来之后就可以以这些食物为食，美美地饱餐一顿。比如埋葬甲的妈妈会寻找死小鼠或死小鸟，然后挖一个洞将这些死亡的小动物埋起来，然后埋葬甲妈妈就会在这些小动物身上产卵，当小埋葬甲孵化出来之后，它们就以这些腐烂的动物尸体为食，而这也是它们名字的由来。

泰利斯蝗（*Melanoplus differentialis*），见右图，它们总是喜欢不停地啃咬地里的庄稼，尤其喜欢吃玉米、大豆和果树等农作物的嫩芽。成群的蝗虫会毁坏大量的庄稼，这对美国南部和墨西哥的农民来说是一个大麻烦。

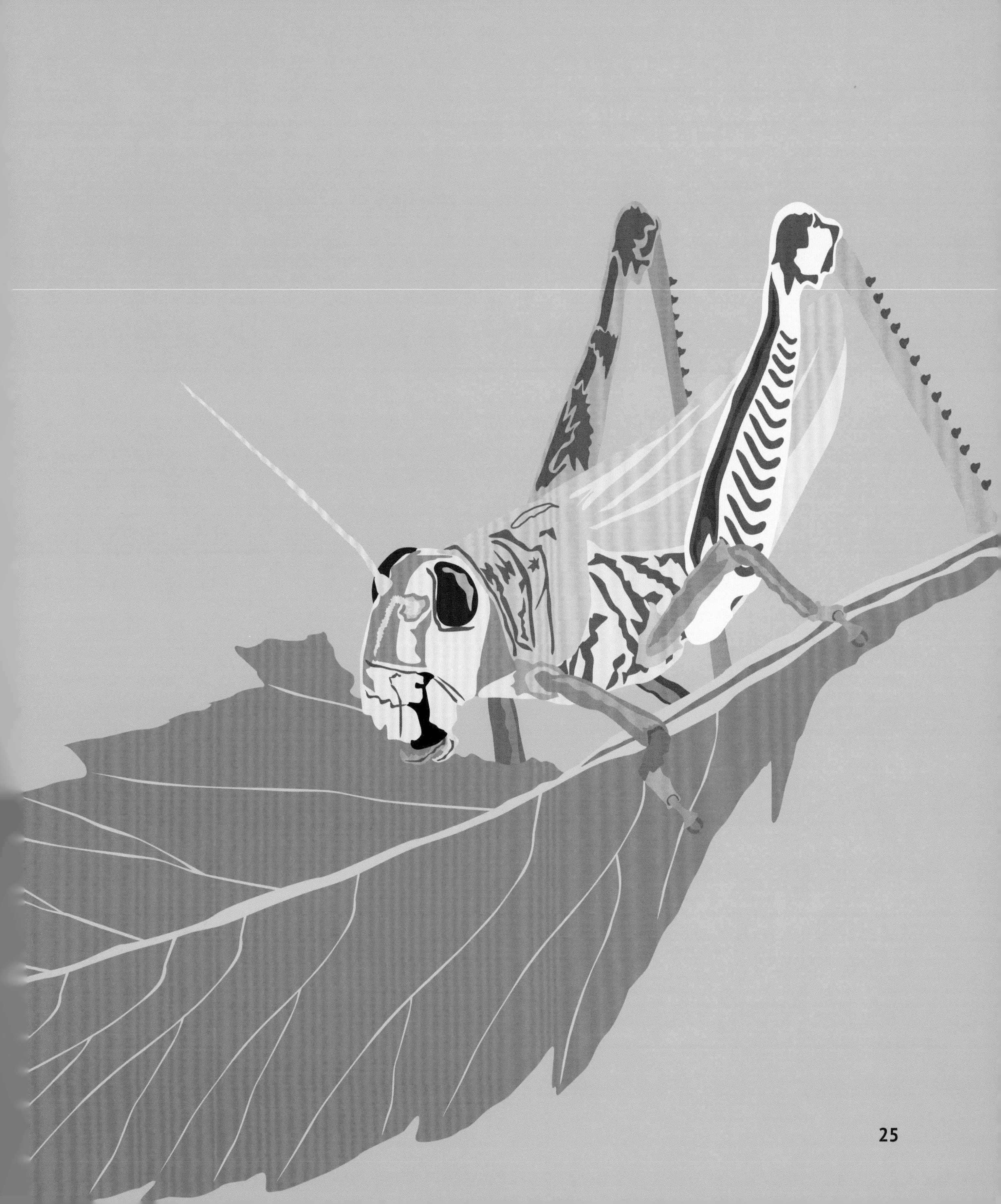

昆虫怎么进食？

蝴蝶和蛾子会用一根叫**喙**的长管来吸取花蜜。这些昆虫使用的取食方法叫**虹吸式**。它们的喙是可以弯曲的，在不取食的时候，喙会卷成一个卷。喙的长度可以很长，比如马岛长喙天蛾（*Xanthopan morgani*），喙的长度就能超过300毫米。

蜜蜂有一个叫**下唇**的舌状结构。它们将下唇浸在花蜜中，花蜜会粘在下唇上的小毛上，然后通过泵吸入嘴里。蜜蜂也有**上颚**，但上颚的主要功能是建造蜂巢。

一些昆虫，比如甲虫、螳螂和蚂蚁，有两个大附肢，被称为咀嚼上颚，就像大灰狼的尖牙一样，用来撕咬和咀嚼食物。而在下颚下面有个小的结构，叫**下颚须**，可以将食物送进嘴里。昆虫这样的取食方式被称为咀嚼式。

蝽、跳蚤、吸血虱和蚊子等还可以用喙喂养后代。这些昆虫有很坚硬的喙，可以切割动植物的组织然后从中吸取液体。这些昆虫的取食方法被称为刺吸式。

昆虫如何移动？

昆虫演化出了很多移动的方法，这可以帮助昆虫适应不同的栖息地和气候。

飞行

所有可以飞行的昆虫中，蝴蝶和蛾子拥有最大、最漂亮的翅。它们的翅由**几丁质**薄层组成，外边覆盖着许多细小的鳞片。这些鳞片会构成各种各样的图案和颜色，如白裳蓝袖蝶（*Heliconius sapho*），见下图。

休息时，蝴蝶的四个翅可以分别移动；但飞行时，每一侧的前后翅却连锁在一起，像一个完整的翅一样一起扇动。当蝴蝶扇动翅膀时，蝶翅呈“8”字形转动，空气的升力使得蝴蝶能够升向高空并向前移动。蝴蝶的翅每秒可以扇动5～12次。

苍蝇、蜜蜂、甲虫和胡蜂这样的昆虫，包括虎斑泥壶蜂（*Phimenes flavopictus*），见上图，有透明或半透明的翅。这些翅也是由几丁质组成的，但上面没有鳞片覆盖。它们的翅在颜色和图案上的变化取决于几丁质的厚度和其翅膀表面的图案。

这些昆虫的翅可以高速拍打。大多数苍蝇的翅每秒可以拍打100次左右，胡蜂的翅每秒最高可以拍打至400次。而目前最快的纪录是一种蠓（*Forcipomyia squamipennis*），每秒可以拍打超1,000次。

微型昆虫的飞行使用的是“上挥一下拍”方法，与传统的空气动力学原理不太一样。它们在飞行时先用翅膀在身体上方挥动，然后再在身体下方拍打，从而产生向上的升力，但是这种飞行方式不利于长时间飞行，长时间飞行会损伤它们的翅膀。

步行

正如我们前面讲到的那样，所有的昆虫都有六条腿，昆虫都需要靠这六条腿来行走。它们行走的方式很奇特，通常是其中的三条腿踩在地上不动，另外三条腿向前移动，彼此交替前行，这种运动方式称为三足步态。

我们可以从右图中丽虎天牛（*Plagionotus astecus*）的移动模式看到这种步行风格，红色的三条腿和蓝色的三条腿交替行走。

图1　我们看到这个天牛是静止的，保持静止时天牛是六条腿站立的。

图2　丽虎天牛抬起了三条腿（红色）并向前移动。当它这样做时，它的身体会偏向左边。这时候，左边的两条腿和右边的一条腿站立，呈三角形，从而保证虫体的稳定。

图3　丽虎天牛抬起了另外三条腿（蓝色），并向前移动。当它这样做时，它的身体偏向右边。

在丽虎天牛运动时，就是上面的第2步和第3步交替进行。

图4　当丽虎天牛停下时，它恢复到六条腿站立的姿态。

昆虫的适应性很强，特殊情况下，它们也可以使用其他步态。例如，如果有的昆虫失去了一条腿，那么它们就可以使用改良版的三足步态来移动，也就是仅在虫体一侧移动两条腿，而不是三条腿同时移动。

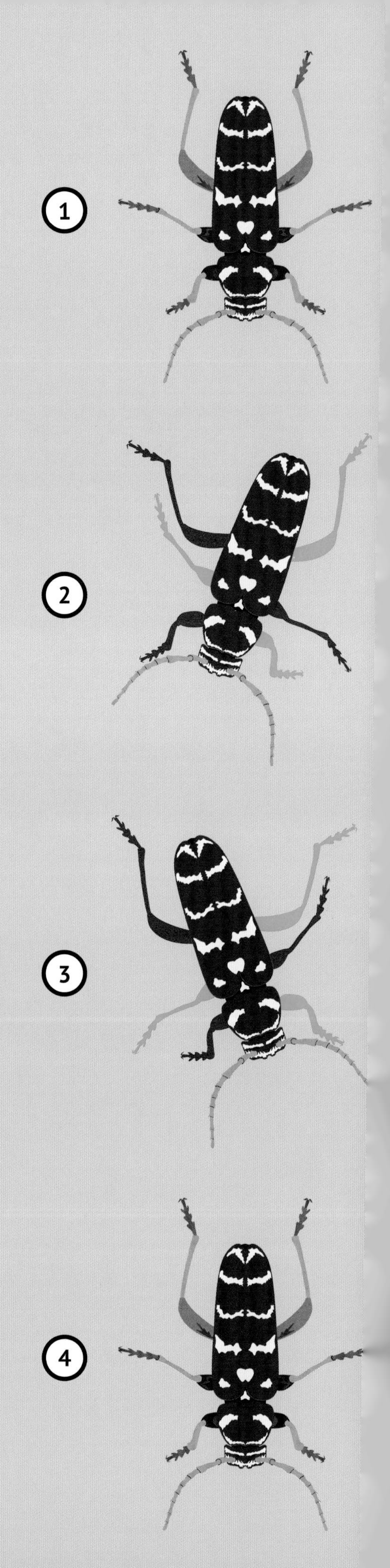

游泳

一些昆虫，比如划蝽（*Notonecta glauca*），游泳的技能非常高超，通常被称为仰泳蝽。因为它们通常是肚子朝天进行游泳的，它们的背就像一只小船一样，后足很长，并且上面还生有一列游泳毛，整个后足看起来就像是船桨一样。它们就是靠这个船桨在水中划行，在湖泊、池塘和沼泽里自由地生活。这有利于它们捕食水中的蝌蚪、小鱼和其他昆虫。

还有一些昆虫可以像鱼一样扭动身体，在水中摇摆着游动（如蚊子的幼虫和蜉蝣的稚虫等）。另外有些昆虫可以依靠从身体底部喷出水来帮助它们游泳（蜻蜓的稚虫就是如此）。

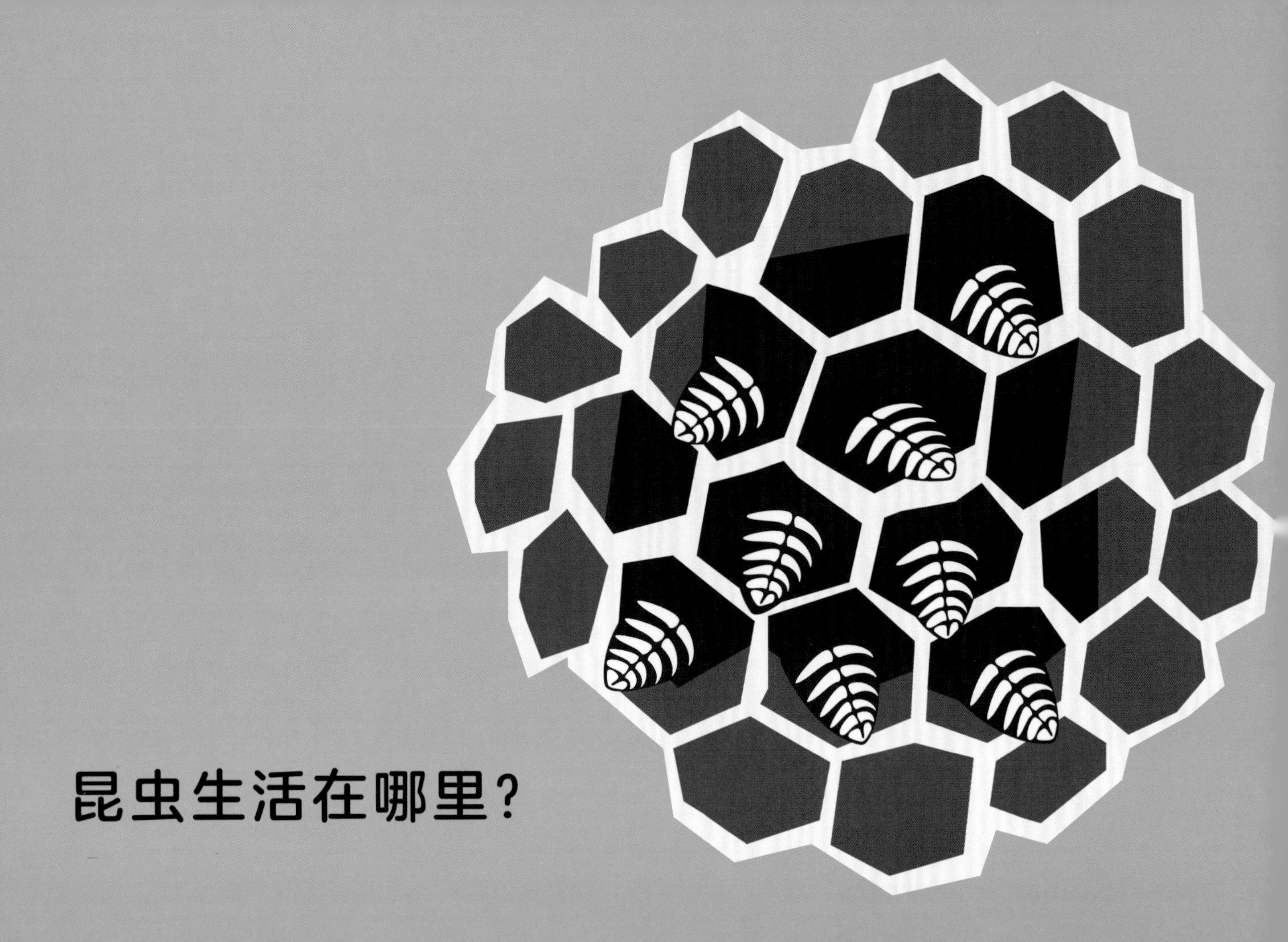

昆虫生活在哪里？

大部分的昆虫在陆地上生活，很多时候昆虫是独自活动。通常昆虫会选择在食物丰富的地方休息和活动，只有到了繁殖季节，同种的昆虫才会聚在一起进行繁衍。这种大部分时间独自活动的昆虫被称为独居昆虫。

也有部分昆虫会聚集成群一起生活，这样的昆虫被称为**群居昆虫**。它们会栖息在共同的巢穴中，这些巢穴可以容纳几个到几千个个体。

一些昆虫，像蚂蚁、蜜蜂和白蚁等，在它们生活的大群体中，每只昆虫都有特定的分工。这种群体生活称为**真社会性**。真社会性昆虫的群体中一个或几个雌性专门负责生产后代，而群体中的其他成员则互相协作，有的负责筑巢、有的负责照顾幼体、有的负责取食、有的负责守卫自己的领地，形成一个小型的昆虫社会。

多米马蜂（*Polistes dominula*）是一种真社会性的胡蜂，它们会建造像上图那样的、具有开放小室的蜂巢。它们咀嚼木材时会形成一种纸浆状物质，它们会利用这种纸浆状物质来作为建造蜂巢的材料。它们的唾液中含有一种黏性物质，这种黏性物质与纸浆状物质混合在一起使得蜂巢非常坚硬，而且具有很强的防水功能。一个多米马蜂的巢穴里面可以居住多达200只多米马蜂。

一个巨大的白蚁丘的内部

像下图一样的白蚁丘，也就是白蚁的巢穴，可以供一百万只白蚁在里面生活。白蚁生活在地下的虫室①中，这个蚁丘有一个复杂的通风系统，空气会在虫室和隧道中流动，巢穴中的热量会通过一个通风烟囱②，经过巢穴表面的通气孔排到外面。同时巢穴地面下的冷窖③中的冷空气也会加入到巢穴的通风系统中，使得巢穴中温度相对稳定。

在傍晚天气凉爽之后，白蚁就会通过它们的逃生隧道④，离开巢穴，到外面采集植物、木头碎屑和动物粪便等，这些都是它们的食物。这些被它们找到的美食会被搬回巢穴之中。另外有一部分白蚁还会将木头碎屑、植物叶片等带回巢穴，放在菌巢⑤中，然后将真菌的孢子种在这些木头碎屑和植物组织上，生长出来的真菌可以产生糖类，而这些糖类则是白蚁们最为喜爱的食物。

像多米马蜂一样，白蚁的唾液也可以帮助它们建造巢穴，它们将唾液与泥土混合在一起，然后将混合的泥团放在合适的位置，等这些泥团干燥后就会变得非常坚固。有的白蚁的蚁丘可以高达12米。

甲虫

所有的甲虫都属于鞘翅目昆虫。鞘翅目昆虫的多样性非常强，除了海洋和极地之外，几乎在任何一种栖息环境中都能找到它们的踪迹。目前科学家们已经记录了超过400,000种甲虫。

大多数甲虫是植食性的，但有一些种，例如金龟子中有些就是以动物粪便为食，还有一些捕食性的甲虫，如很有攻击性的虎甲。

甲虫有两对翅，前翅演化成鞘翅，很坚硬，盖在身体背面可以很好地保护身体，后翅膜质化，主要用于飞翔。

金斑虎甲

Cicindela aurulenta

分布在亚洲，特别是中国、印度尼西亚、马来西亚和泰国

体长：20毫米

像其他虎甲一样，金斑虎甲是一类反应非常敏捷且十分凶猛的捕食者，常常捕食一些比它们体型更小的昆虫或其他的小动物。

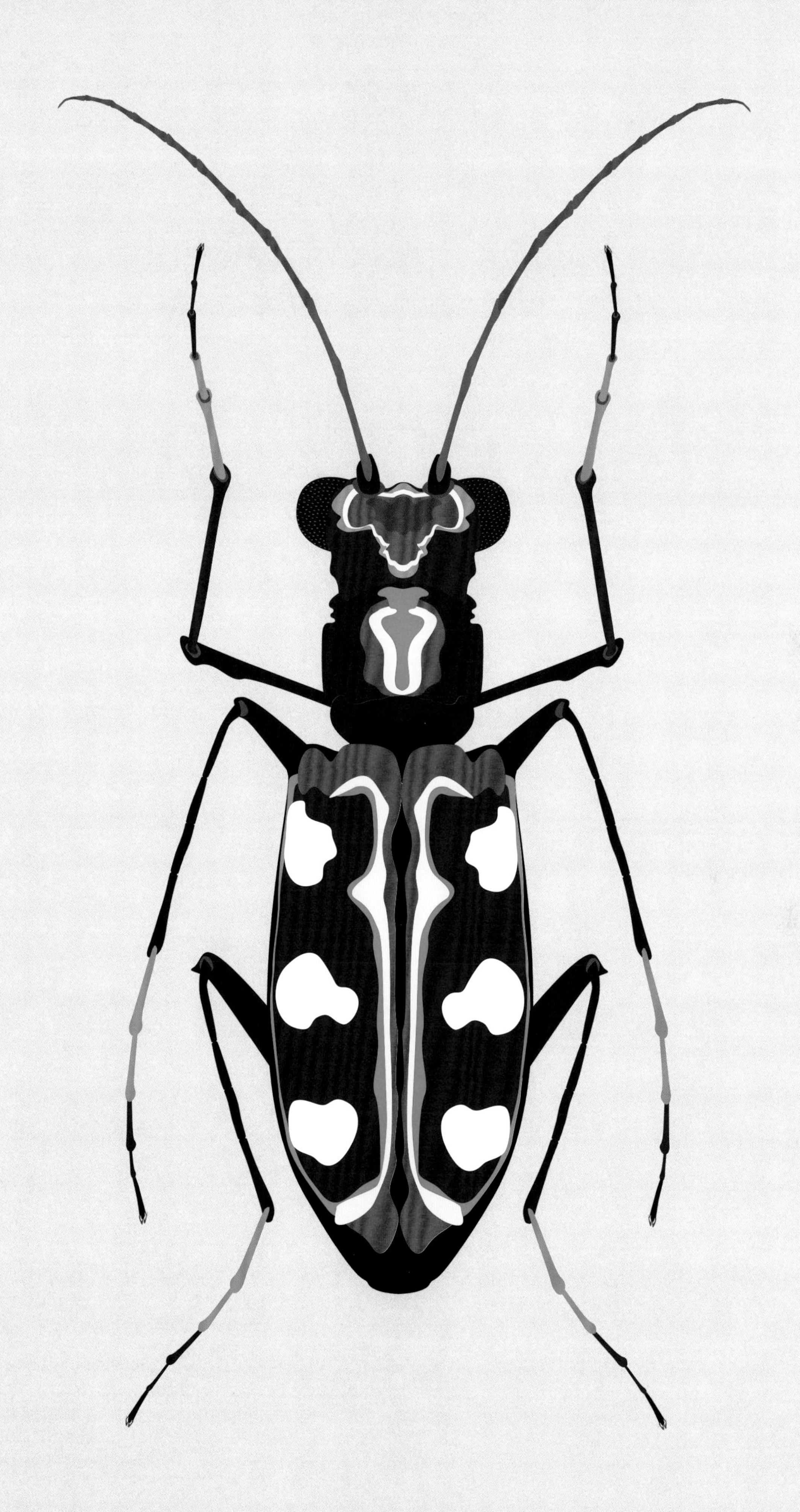

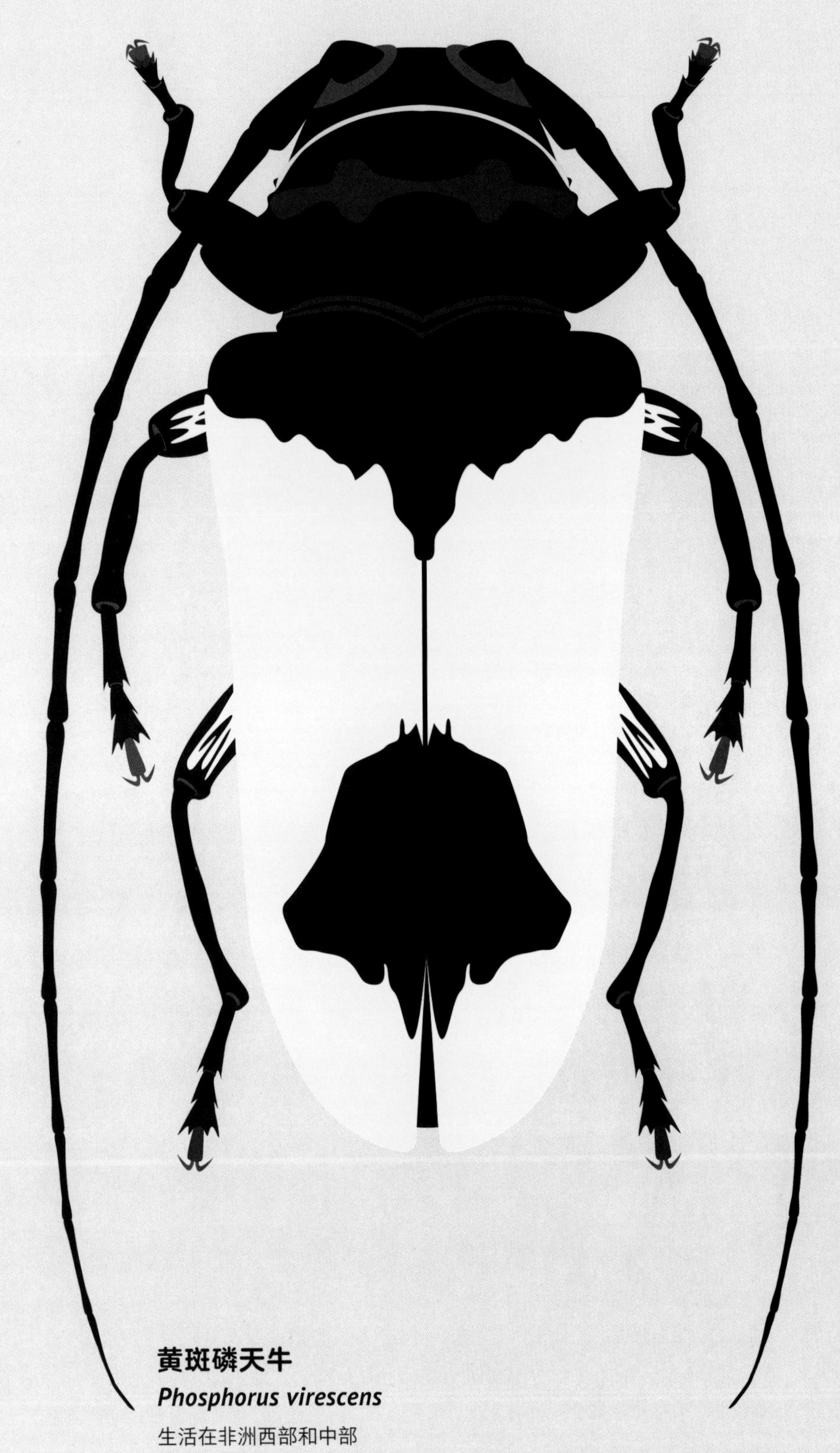

黄斑磷天牛

Phosphorus virescens

生活在非洲西部和中部

体长：30毫米

这种天牛因其身体上明亮的黄色而得名。它们长有很长的触角，触角要长于它们的身体。尽管外表很漂亮，但是它们的幼虫会啃食可乐果树的木质部分，影响树木的生长，使得可乐果的产量减少，因此许多非洲农民认为它们是害虫。

锯角赤翅甲

Pyrochroa serraticornis

遍布欧洲西部

体长：15毫米

锯角赤翅甲是一种食肉昆虫，它们以体型较小的昆虫为食。它们的幼虫同样也是肉食性，经常出没在松散、腐烂的树皮中。

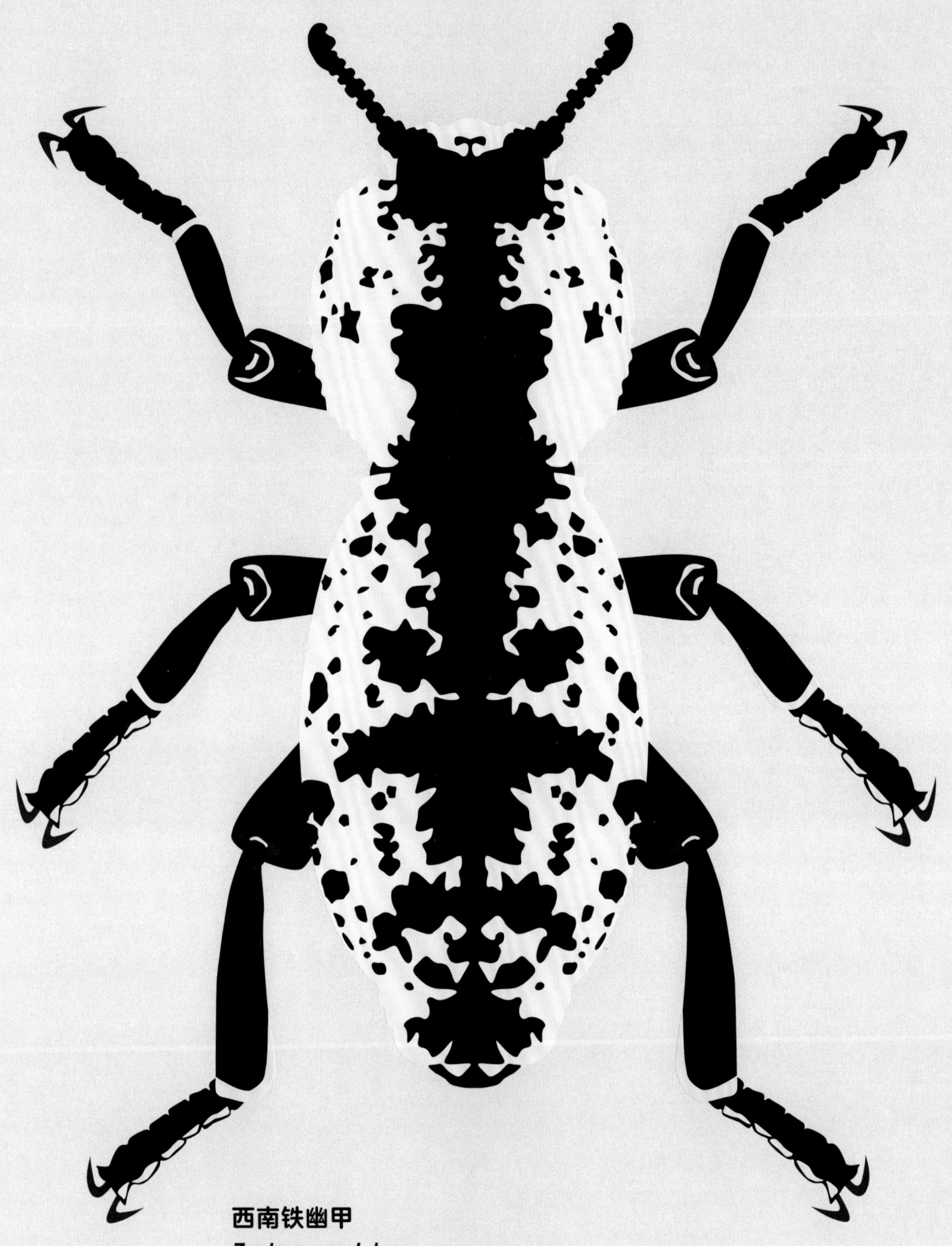

西南铁幽甲

Zopherus nodulosus

生活在美国西南部、南美洲中部和北部

体长：25毫米

西南铁幽甲主要以腐烂的木材和活着的植物为食，这类甲虫的外骨骼是所有昆虫中最坚硬的之一。因为它们经常在遇到袭击时假装死亡，所以也被人们称为装死甲虫。

马铃薯叶甲

Leptinotarsa decemlineata

广泛分布于美国和墨西哥

体长：10毫米

这是一种主要的农业害虫，它们对马铃薯、番茄和茄子等植物的危害极大。

魔鬼隐翅虫

Ocypus olens

遍布欧洲、北非和北美洲

体长：25毫米

魔鬼隐翅虫是有侵略性的夜间猎食者，它们以蛞蝓、蜘蛛和蠕虫等为食。当受到威胁时，它们会模仿蝎子的样子，抬高尾巴，用自己的大颚来进行防卫。

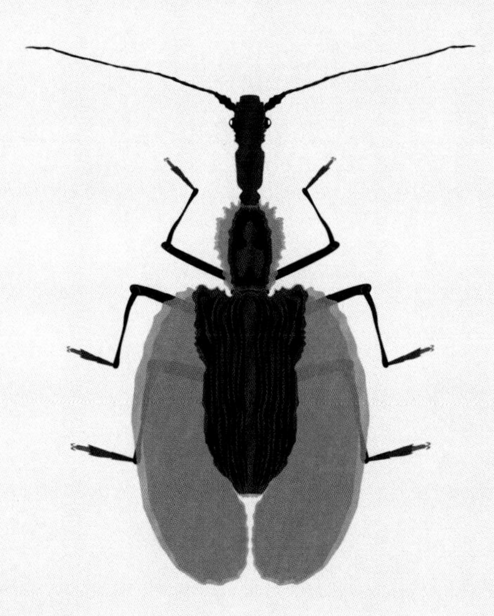

小提琴甲虫

Mormolyce phyllodes

生活在亚洲东南部的雨林中

体长：90毫米

这种甲虫的身体形状很像小提琴，因此而得名。它们的身体非常扁平，这样的特点让它们能够灵活地穿梭于树皮的狭窄空隙、土壤缝隙和真菌菌褶中。如果有捕食者攻击它们的话，它们还会分泌出一种强酸性物质，在逃跑时可以麻痹捕食者的身体。

圣诞节甲虫

Anoplognathus pallidicollis

发现于澳大利亚

体长：20毫米

圣诞节甲虫主要以桉树叶为食，之所以叫它们圣诞节甲虫是因为它们常见于12月份，圣诞节也在12月份。你一定会奇怪，为什么冬天也会有虫子呢？因为澳大利亚位于南半球，生活在那里的昆虫与生活在北半球的我们所处的季节相反。

点胸厚天牛

Pachyteria equestris

遍布亚洲东南部

体长：30毫米

这种天牛以落叶乔木和灌木的木质部分为食，它们尤其喜欢啃咬柠檬和苹果等果树。

十六斑黄菌瓢虫

Halyzia sedecimguttata

遍布欧洲和北非

体长：6毫米

这种橙色的瓢虫常见于林地环境中，它们以真菌和小蚜虫为食。

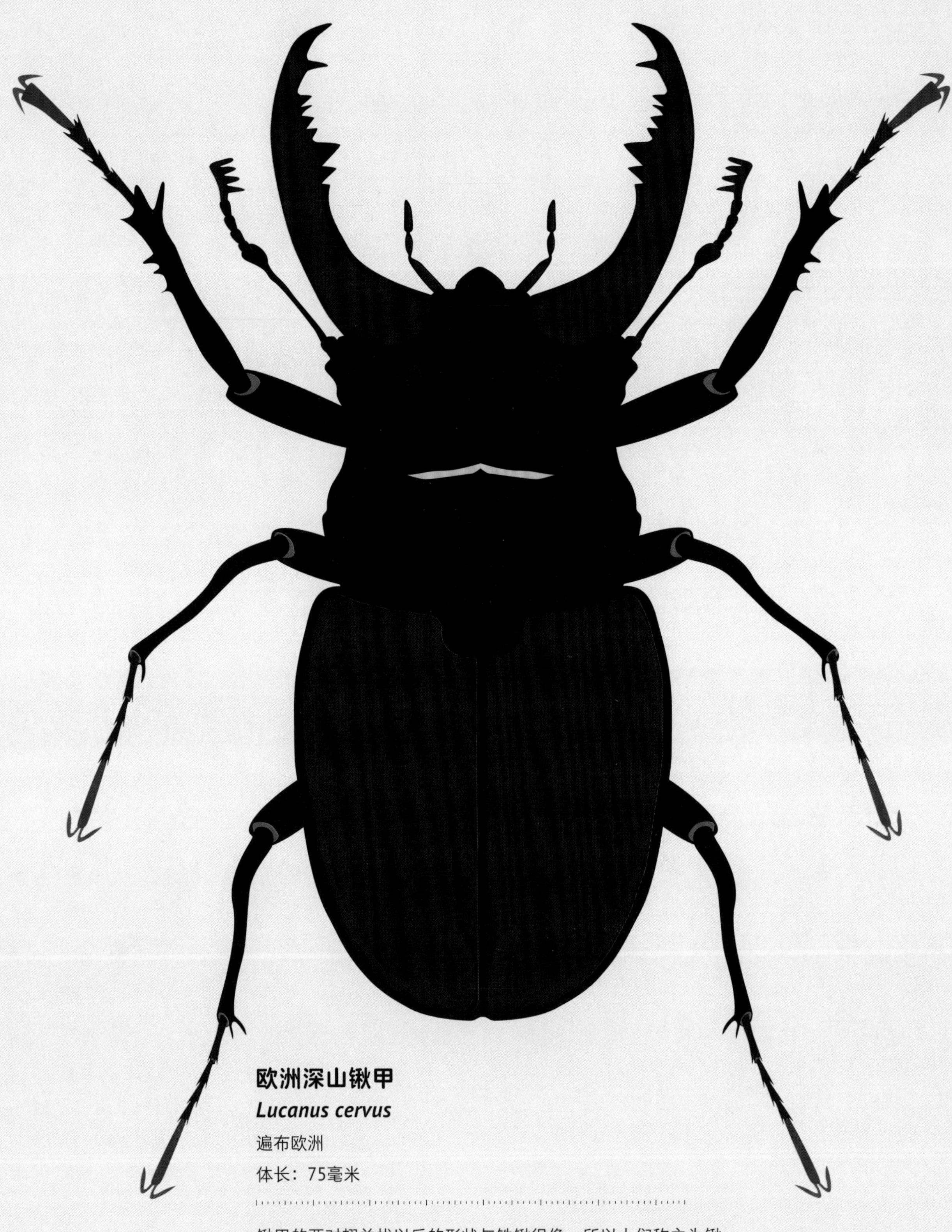

欧洲深山锹甲

Lucanus cervus

遍布欧洲

体长：75毫米

锹甲的两对翅并拢以后的形状与铁锹很像，所以人们称之为锹甲。雄性欧洲深山锹甲的上颚十分发达，形状与雄鹿的角很像。它们在生殖季节会像雄鹿一样，用发达的上颚互相打斗，争夺配偶。

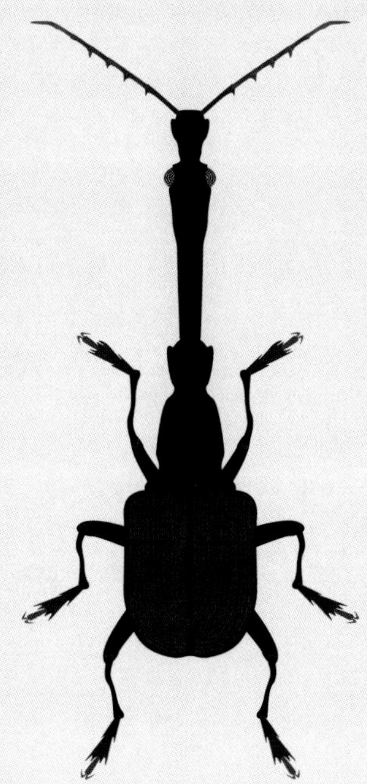

长颈象鼻虫

Trachelophorus giraffa

生活在非洲马达加斯加岛

体长：80毫米

雄性长颈象鼻虫因它们的长“脖子”而得名。与锹甲类似，它们长长的“脖子”，可以用来争夺心仪的雌性。

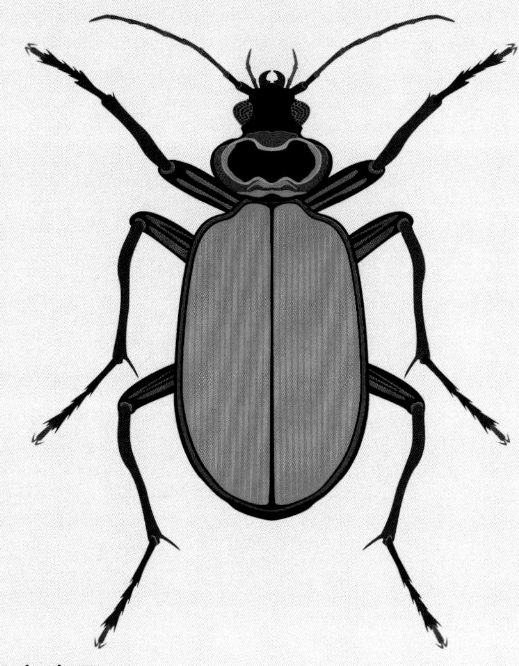

毛虫步甲

Calosoma scrutator

遍布北美洲

体长：30毫米

正如它的名字一样，这种在地面上生活的甲虫主要以毛毛虫为食。而当它被捕食者攻击时则会释放一种闻起来像变质的牛奶的物质。

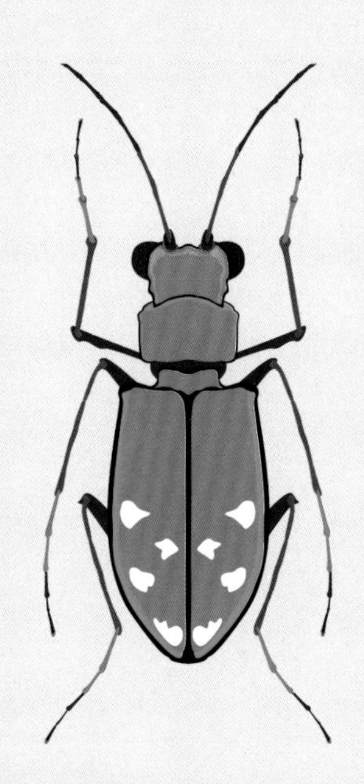

绿虎甲

Cicindela campestris

遍布欧洲

体长：15毫米

这是一种食肉性昆虫，绿虎甲的幼虫通过在地上挖洞来捕食体型较小的昆虫，比如蚂蚁。

绿星步甲

Calosoma schayeri

遍布澳大利亚

体长：27毫米

这种甲虫很容易被明亮的灯光所吸引，所以我们在市中心经常会看到它们的身影！

蜂类和蚂蚁

蜂类和蚁类组成了膜翅目昆虫的大家庭。地球上已知的膜翅目昆虫已经超过了280,000种。

膜翅目昆虫中有一些种类具有高度演化的社会性，如蜜蜂和蚂蚁，这些昆虫群体就像人类社会一样，每只昆虫都有非常明确的分工。

大多数膜翅目昆虫有薄膜质的翅。它们之中一些类群，例如蚂蚁，雄蚁和雌蚁发育成熟后，就会飞到空中举行“结婚仪式”。此后不久它们的翅膀就会脱落，雌蚁一到地面就会寻找附近的石洞或泥洞孕育虫卵，而它也将成为新蚁群中的蚁后。

许多膜翅目昆虫在腹部的末端有强大的毒刺，这种刺是膜翅目昆虫所特有的，它们可以用这些毒刺来保护自己、防御捕食者。

狼蛛蛛蜂

Pepsis mildei

遍布美国南部，从中美洲到南美洲北部

体长：25～50毫米

名字来源于捕食对象——狼蛛。狼蛛蛛蜂用尖锐带毒的尾刺蜇狼蛛，人要是被它蜇到将会感到极端的痛苦。疼痛的程度在有毒昆虫中仅仅排在子弹蚁的后面，位居第二名。

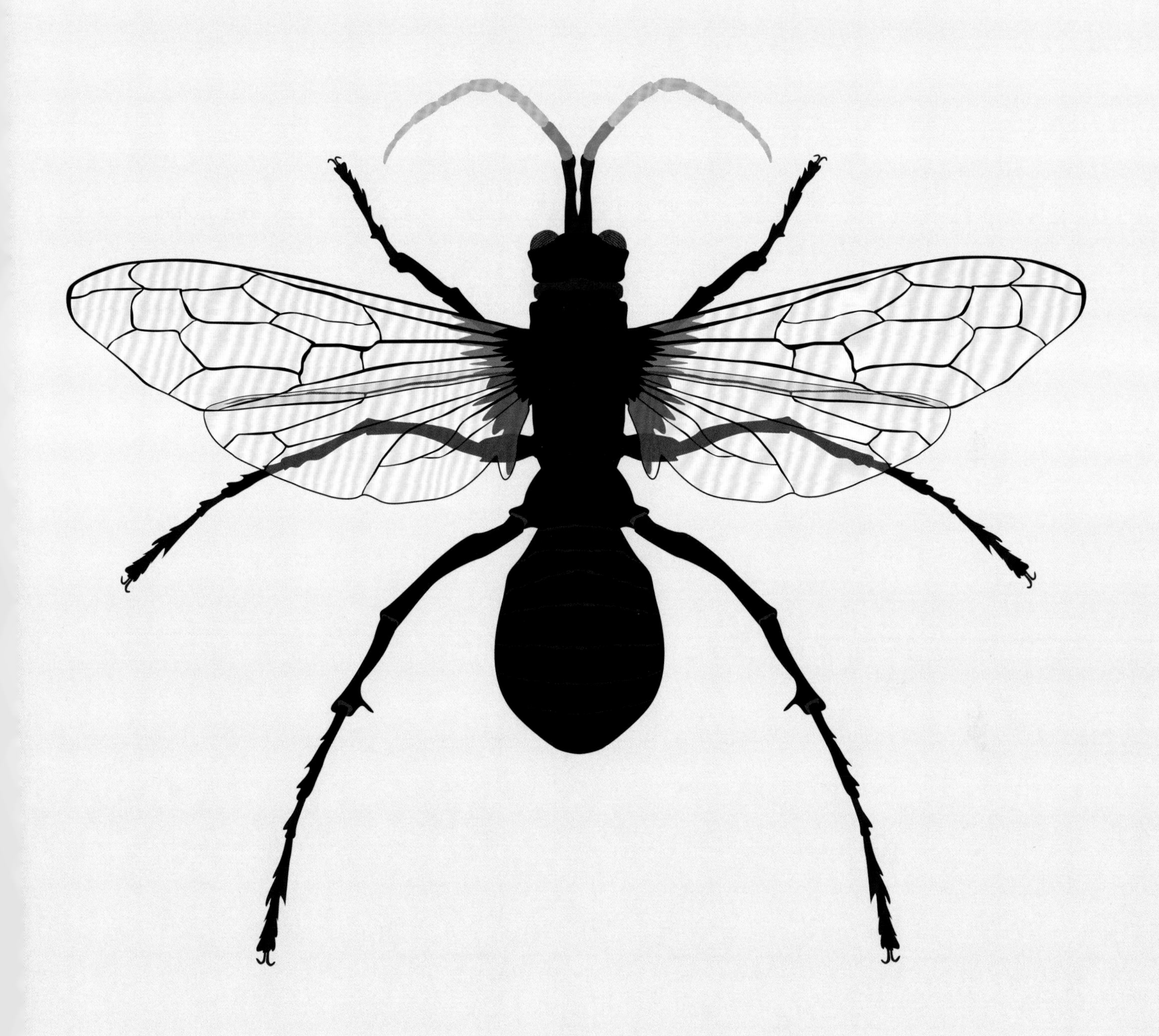

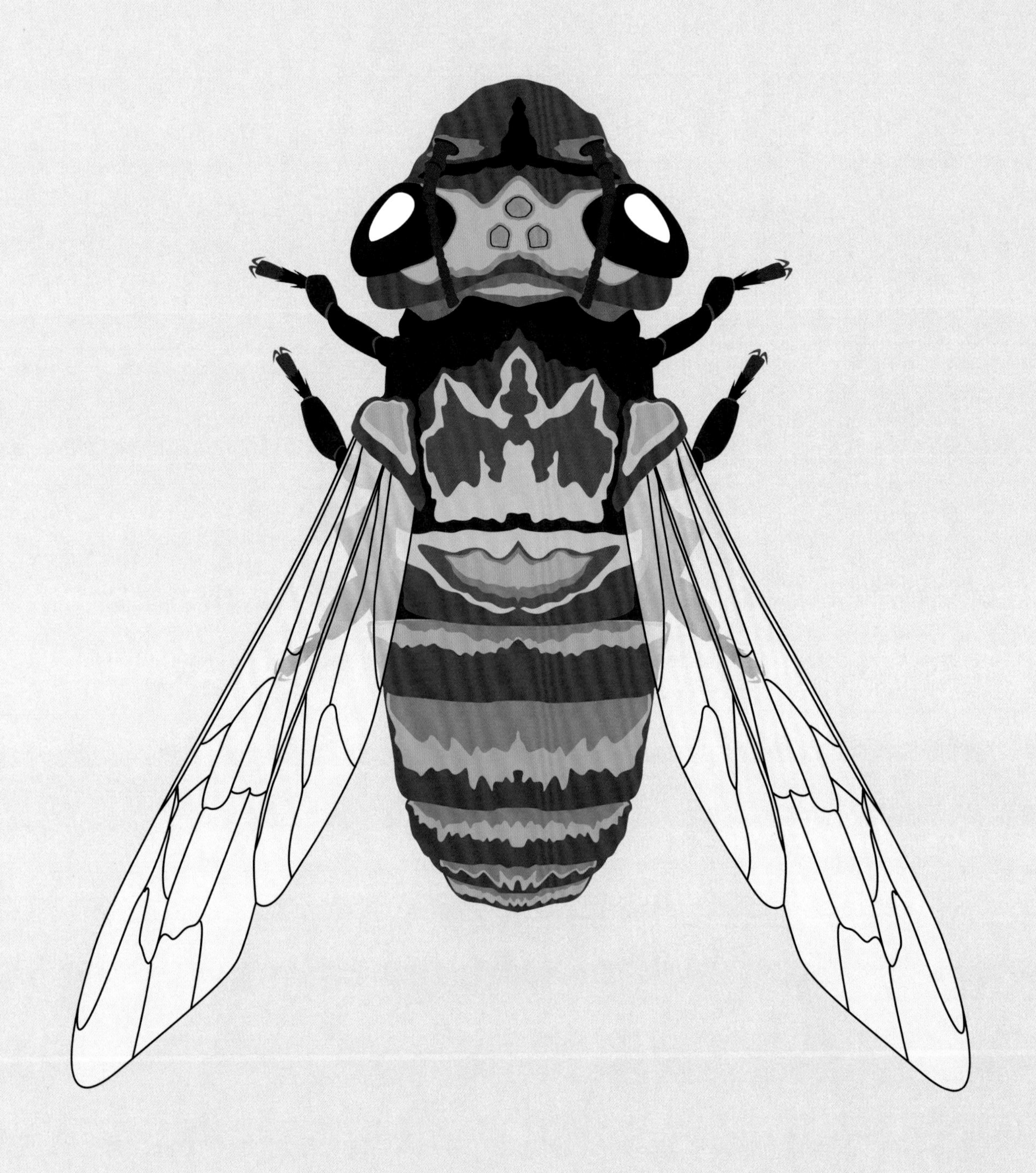

兰花蜂

Euglossa imperialis

遍布中美洲和南美洲

体长：19毫米

兰花蜂因其以兰花的花蜜为食而得名。它们穿梭于兰花间采蜜时，身上会携带兰花的花粉，在为兰花授粉的工作中扮演了非常重要的角色。

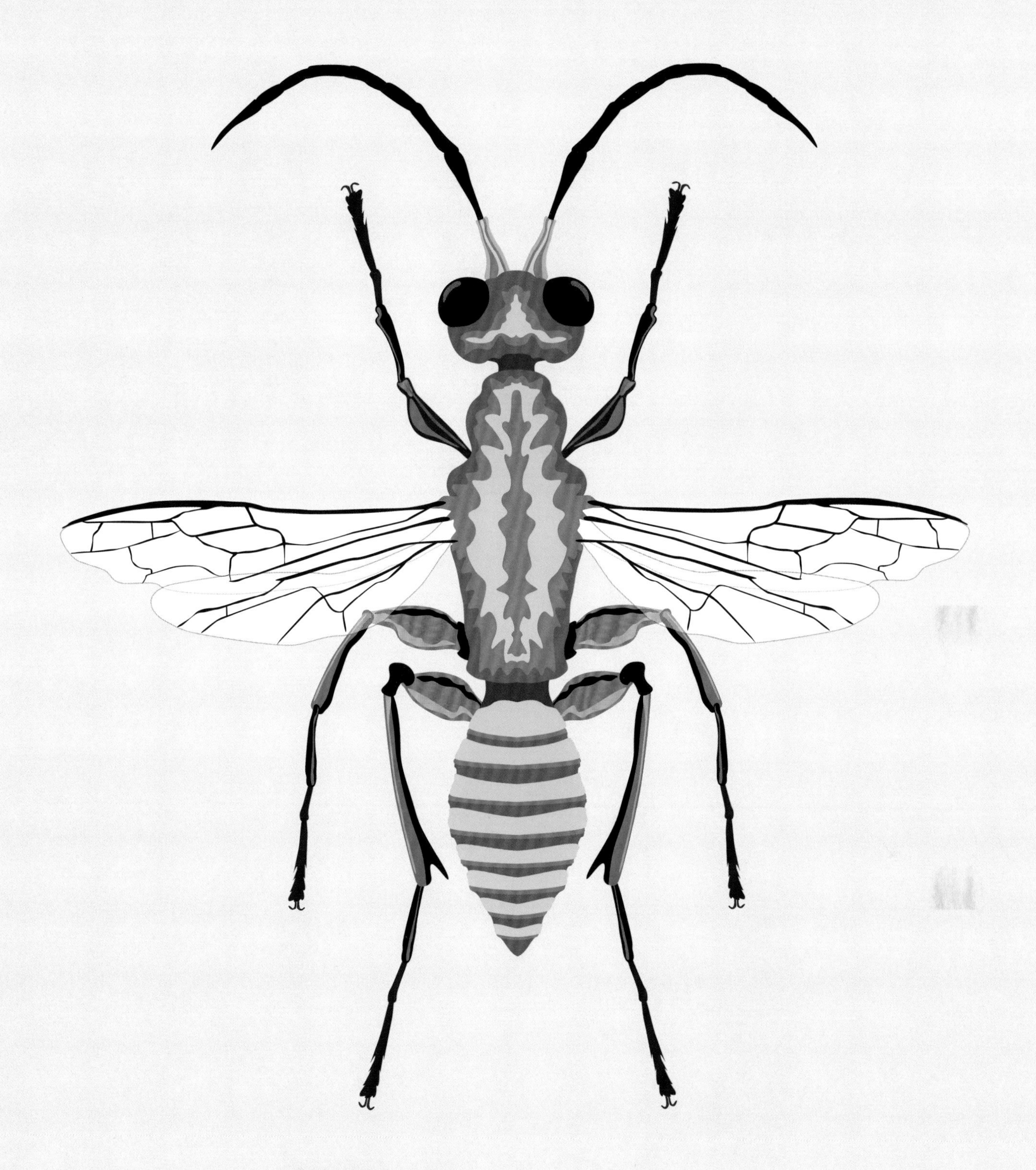

扁头泥蜂

Ampulex compressa

生活在亚洲东南部和非洲热带地区

体长：20毫米

扁头泥蜂是一种独居蜂。雌蜂需要产卵时，会用它的毒刺麻痹一只蟑螂，然后在蟑螂的身体里产卵。泥蜂卵孵化以后，幼虫就会以快死掉的蟑螂为食。

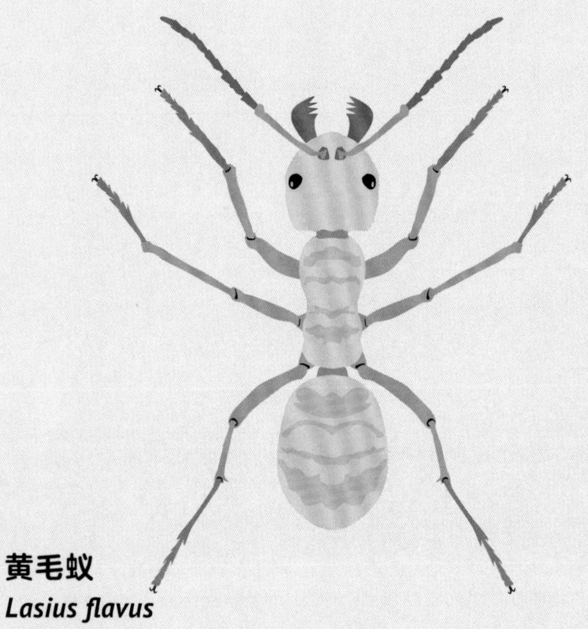

黄毛蚁

Lasius flavus

遍布全球

体长：20毫米

这种蚂蚁生活在草原地区，它们以草根部周围土壤中生活的蚜虫分泌的蜜露为食。

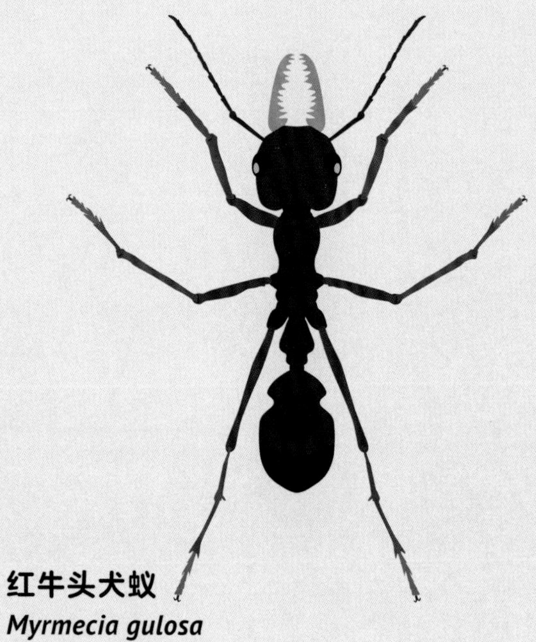

红牛头犬蚁

Myrmecia gulosa

遍布澳大利亚

体长：25毫米

这些蚂蚁是具有攻击性的捕食者，它们甚至能杀死并吃掉像蜜蜂之类体型较大的昆虫。

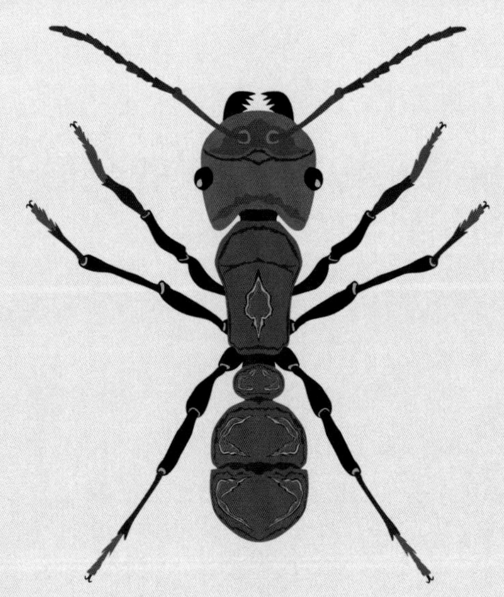

绿头蚁

Rhytidoponera metallica

遍布澳大利亚

体长：6毫米

绿头蚁食性广泛，从甲虫、白蚁到多种植物，都能成为它们的食物，它们尤其喜欢吃营养丰富的植物种子。

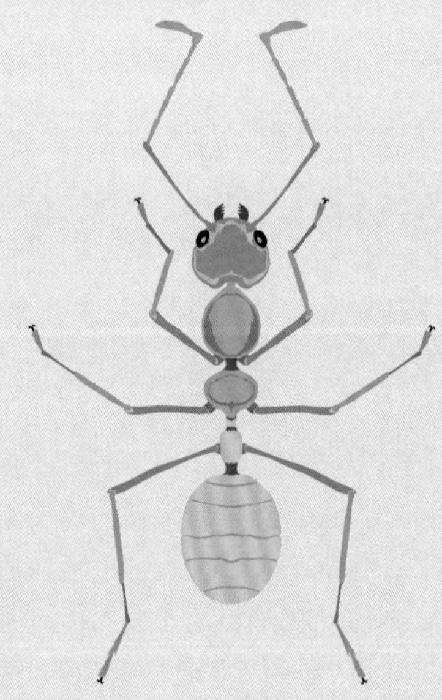

黄猄蚁

Oecophylla smaragdina

遍布亚洲和澳大利亚

体长：6毫米

不同于其他蚂蚁，这种蚂蚁的巢穴位于树冠，成年黄猄蚁会将幼虫的丝和树叶编织在一起做成巢穴。

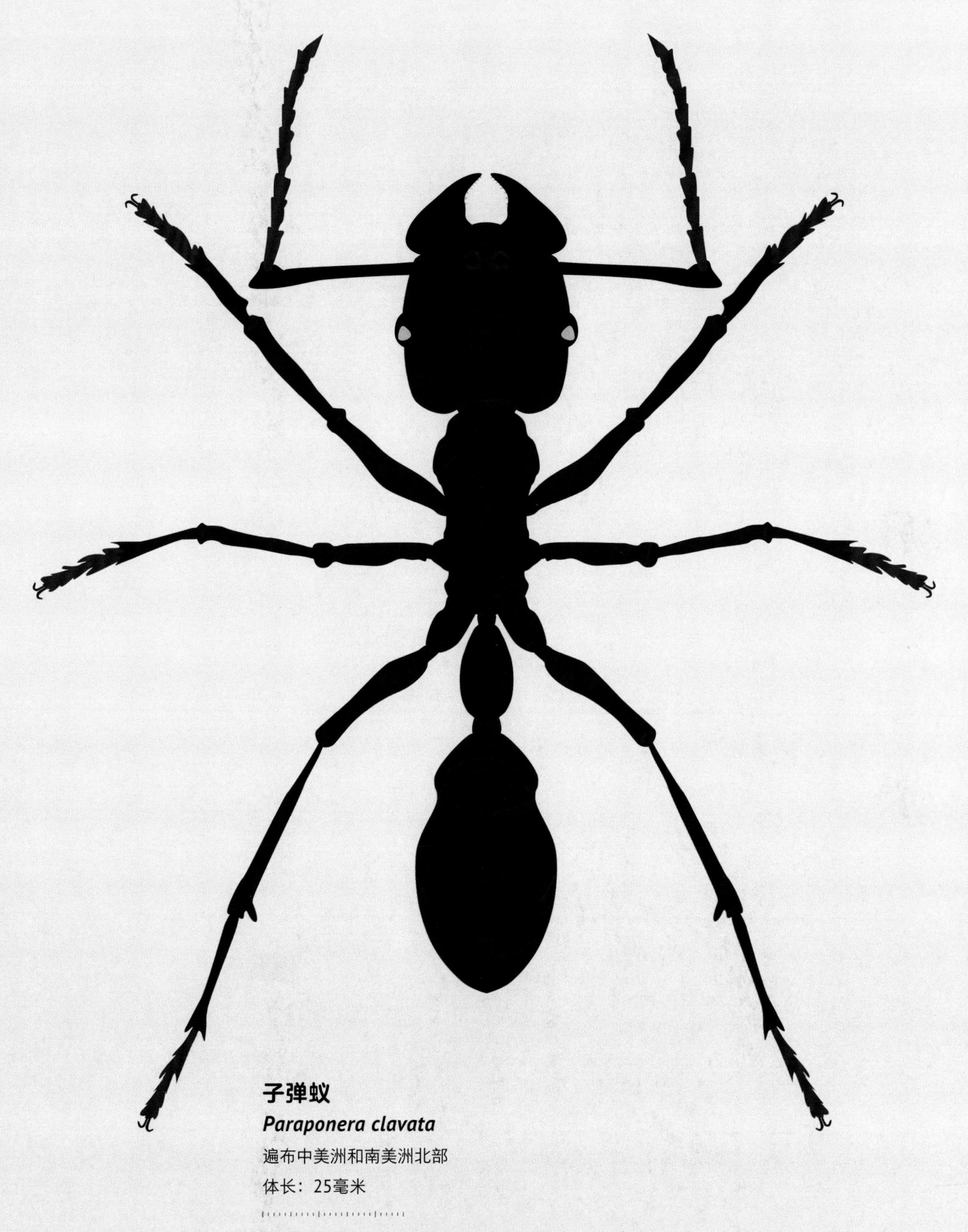

子弹蚁

Paraponera clavata

遍布中美洲和南美洲北部

体长：25毫米

子弹蚁因为被它蜇咬的疼痛程度就像被子弹穿过一样而得名。它被誉为所有昆虫中叮咬最痛的昆虫，它的蜇刺毒性极强，可以导致人体麻痹。

蝴蝶与飞蛾

蝴蝶和飞蛾组成了鳞翅目昆虫。目前已知的鳞翅目昆虫已经超过了200,000种。

蝴蝶和飞蛾的翅膀有各种各样的颜色和形状：有些种类的颜色像泥土一样，可以很好地保护自己不被捕食者发现；有些翅膀上有像眼睛一样的图案，这些图案可以吓唬捕食者；还有一些翅膀上有非常明亮的颜色，可以帮助它们吸引配偶，或者警告捕食者它们是有毒的。

大多数蝴蝶和蛾子以植物的花蜜或汁液为食，但有些则完全依靠幼虫期储存的脂肪为生，它们的成虫不再取食。

燕凤蝶

Lamproptera curius

生活在亚洲东南部，尤其是印度、中国南部、印度尼西亚、马来西亚和泰国

翼展：50毫米

燕凤蝶是凤蝶中的一种，通常生活在溪流或者河流附近，它们拥有很好的飞行能力。

海伦闪蝶

Morpho helenor

生活在中美洲和南美洲北部

翼展：115毫米

这种闪光的蓝色大闪蝶通常以腐烂水果的汁液为食。

绿袖蝶

Philaethria dido

生活在中美洲和南美洲北部

翼展：110毫米

绿袖蝶通常生活在亚马孙森林中高大的树冠上，但是偶尔也会飞到溪流旁喝一些富含矿物质的溪水。

孔雀蛱蝶

Aglais io

遍布欧洲和亚洲

翼展：50毫米

孔雀蛱蝶在它的翅上有独特的、像眼睛一样的眼斑，可以用来吓跑小鸟，身体摩擦发出声音也可以吓跑啮齿动物。

副王蛱蝶

Limenitis archippus

遍布北美洲和墨西哥

翼展：65毫米

副王蛱蝶以柳树为食，这会增加它们体内水杨酸的浓度，发出特殊的气味，让捕食者远离。

豹灯蛾

Arctia caja

遍布欧洲、亚洲中部和北美洲

翼展：60毫米

豹灯蛾的翅膀有颜色明亮的图案，可以吓跑潜在的捕食者，并警告它们自己是有毒的。

红天蛾

Deilephila elpenor

遍布欧洲和亚洲

翼展：60毫米

这种蛾在亮度较低的环境中有极好的视力，它们目光敏锐，可以在夜间找到花朵，取食它们最喜欢吃的花蜜。

乌桕大蚕蛾

Attacus atlas

生活在亚洲东南部热带地区

翼展：250毫米

200

雌性的乌桕大蚕蛾是最大的蛾子之一。无论是雄性还是雌性，它们都是靠幼虫阶段积累的脂肪作为生存的能量，成虫是不吃东西的。

玉米天蚕蛾

Automeris io

遍布南美洲

翼展：70毫米

玉米天蚕蛾是夜行性的昆虫，它们白天会躲在黄色的叶子下面。它们利用翅膀上类似眼睛的图案来恐吓潜在的捕食者。

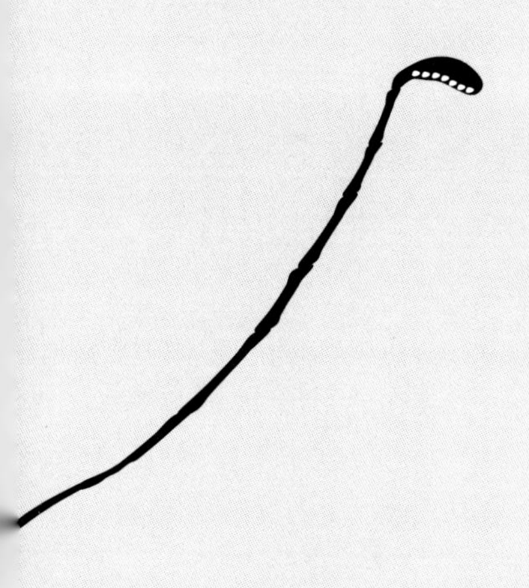

达摩凤蝶

Papilio demodocus

生活在撒哈拉以南非洲和阿拉伯半岛

翼展：110毫米

雌性蝴蝶会将卵产在柑橘树的叶子上，幼虫孵化出来后会以柑橘叶子为食，因此它们也被称为“柑橘凤蝶”。由于它们最常出现在12月，所以也有人叫它们“圣诞蝴蝶”。

马达加斯加日落蛾

Chrysiridia rhipheus

生活在非洲马达加斯加岛

翼展：85毫米

这种华丽的蛾子翅膀上有彩虹般的色彩，它取食的花蜜主要来自开白花的植物，如杏、茶和枇杷等。

红臀凤蚬蝶

Chorinea sylphina

生活在厄瓜多尔、玻利维亚和秘鲁

翼展：35毫米

这种蝴蝶生活在南美洲的云雾林中，以森林中开花植物的花蜜为食。

多尾凤蝶

Bhutanitis lidderdalii

遍布印度和亚洲南部

翼展：110毫米

这种凤蝶生活在印度和不丹海拔近3,000米的高山上。

统帅青凤蝶

Graphium Agamemnon

遍布印度和亚洲南部

翼展：95毫米

统帅青凤蝶是一种凤蝶，这种蝴蝶充满了活力，即使它降落在植物上觅食，也会不停地拍打翅膀。

红颈鸟翼凤蝶

Trogonoptera brookiana

生活在亚洲南部

翼展：170毫米

100

美丽的红颈鸟翼凤蝶是一种濒临灭绝的昆虫，因为它们的自然栖息地正在被破坏，它们生活的环境正在变成农田和城市。

小红蛱蝶

Vanessa cardui

遍布世界各地

翼展：80毫米

雌性小红蛱蝶会根据其自身的大小产卵，它们会在非洲和北极圈之间来回迁徙，世代循环。

蝽和蝉

蝽是昆虫的一个重要的类群，也是半翅目昆虫的重要成员，它们大小不同、形态多样。

所有的蝽都具有一个长长的嘴巴，为刺吸式口器，这种嘴巴可以帮助它们从植物中吸取汁液，个别种类还吸食一些动物的血液。有些半翅目昆虫是食肉昆虫，以其他昆虫和小动物为食。

虽然大多数半翅目昆虫对人体是无害的，但某些类群会给农民带来很大的麻烦，因为它们会摧毁庄稼，有些还会传播植物病毒。当然，也有一些类群是一些昆虫的天敌，可以帮助捕食田间害虫，有利于害虫的防治，比如花蝽会捕食蚜虫。

红尾碧蝽

Palomena prasina

生活在欧洲

体长：15毫米

也被称为绿盾蝽，它们和许多其他的盾蝽科昆虫一样，可以分泌一种非常难闻的液体来驱赶捕食者。这种昆虫是很常见的，我们在夏天很容易发现它们。

牧豆树缘蝽

Thasus neocalifornicus

生活在美国西南部和墨西哥

体长：35毫米

这种色彩斑斓的昆虫，因它取食牧豆树的嫩叶、树汁和豆荚而得名。

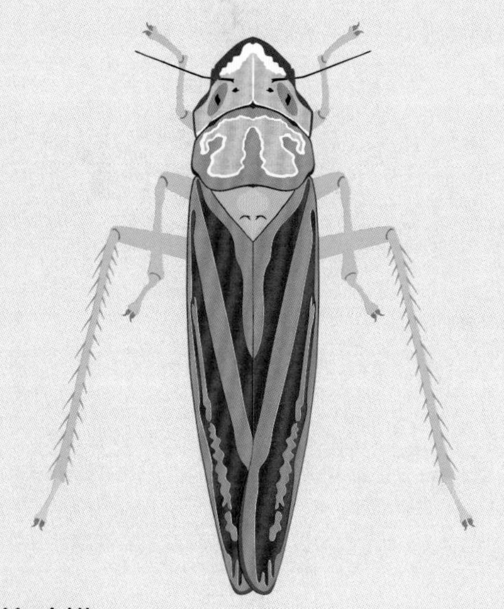

糖果条纹叶蝉

Graphocephala coccinea

生活在北美洲和中美洲

体长：8毫米

这种色彩鲜艳的虫子以榆树和橡树的树汁为食。

大马利筋长蝽

Oncopeltus fasciatus

生活在北美洲和中美洲

体长：18毫米

大马利筋长蝽的身体上有非常鲜艳醒目的图案，可以警告周围的捕食者它们体内含有有毒的化学物质。

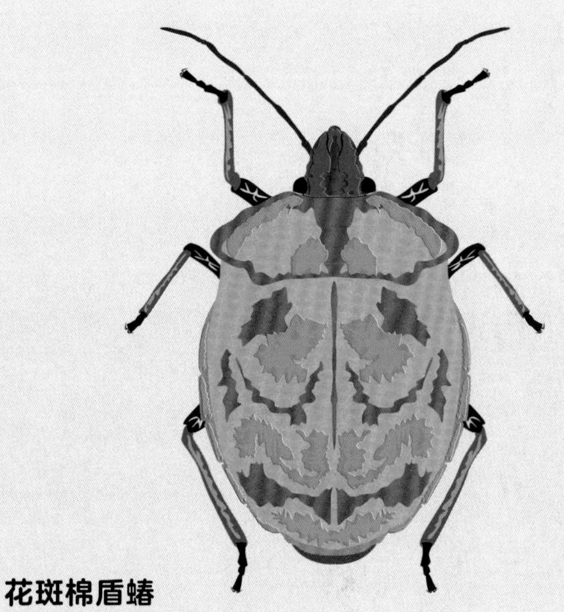

花斑棉盾蝽

Tectocoris diophthalmus

生活在澳大利亚和太平洋岛屿

体长：20毫米

这种盾蝽主要生活在温暖潮湿的热带雨林及其沿海地区，它们靠吸食芙蓉花的花蜜为生。

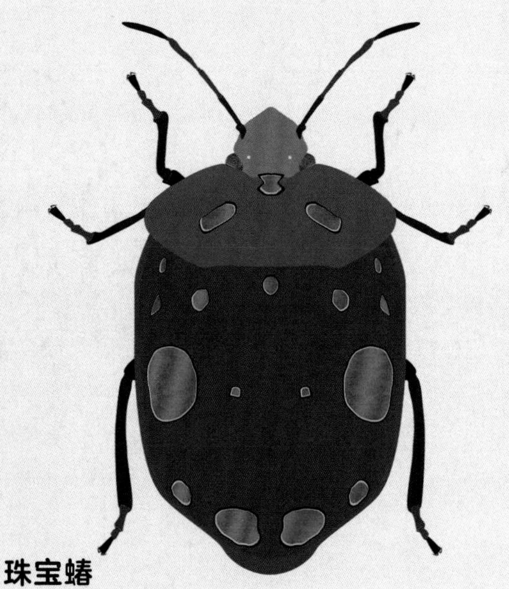

珠宝蝽

Pachycoris torridus

生活在南美洲北部

体长：15毫米

这种盾蝽通常群居生活在一起，以防御捕食者袭击。

蜻蜓和豆娘

蜻蜓和豆娘属于蜻蜓目。这个目大约包含6,000个种类。

这个目昆虫的特征在于，它们能在飞行的同时捕猎其他的小型昆虫。它们拥有敏锐的视力（它们的复眼特别大），能够在高速飞行中发现猎物，有刺的足可以更好地抓住猎物，这些特征使得蜻蜓目昆虫被人们称为“高效的猎食者”。

蜻蜓目昆虫有两对长翅膀，它们的飞行能力无可比拟。有些种类蜻蜓的飞行速度可以超过每小时90千米。它们可以向后倒退飞行，也可以由上而下俯冲飞行。

帝王伟蜓

Anax imperator

遍布欧洲、北非和亚洲

翼展：120毫米

这个物种在英国相当常见，在池塘、溪流和沼泽地带都很容易发现它们盘旋的踪迹。它们最喜欢的食物包括小蝴蝶、水生昆虫和小蜻蜓等。

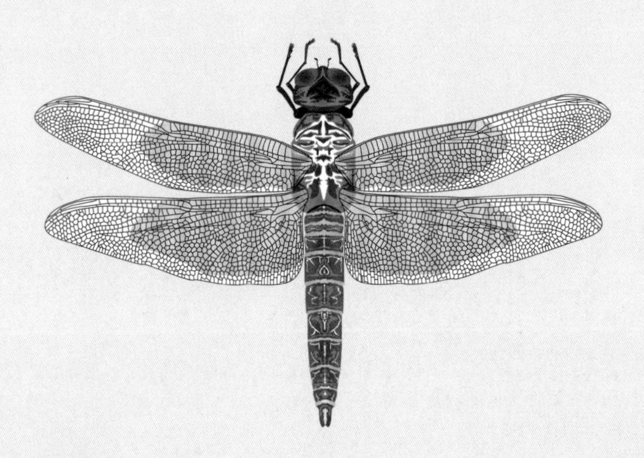

火焰蜻

Libellula saturate

生活在北美洲西部

翼展：85毫米

这种蜻蜓偏爱温暖的沙漠地区，通常栖息于河流和温泉附近。

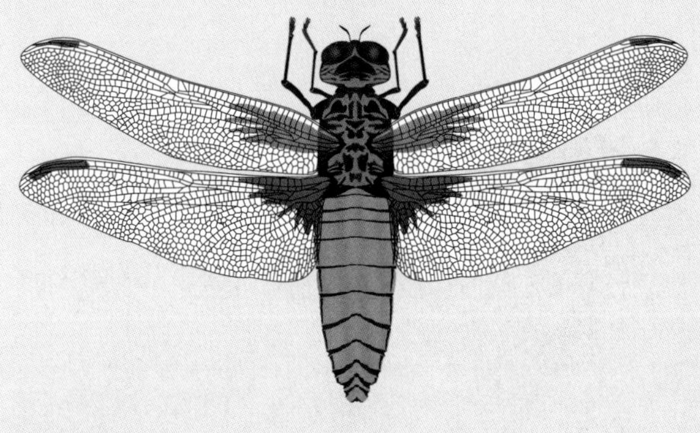

基斑蜻

Libellula depressa

栖息在欧洲中部和南部，以及中东和亚洲中部

翼展：45毫米

这种中型的蜻蜓飞行速度很快，而且有很强的领地意识。它们以小昆虫为食，生活在草木茂密的浅水池塘周围。

大王伪蜻

Epitheca princeps

生活在北美东部

翼展：75毫米

这种蜻蜓体型较大，十分活跃，经常成群觅食。一群蜻蜓大概有10～30只个体，它们会聚集在沼泽、池塘和流动缓慢的溪流附近。

伊利诺伊伪蜻

Macromia illinoiensis

生活在北美洲

翼展：105毫米

100

这种蜻蜓体型很大，生活在水流湍急的宽阔河流及湖泊附近。

斑翅色蟌

Calopteryx maculate

生活在北美洲

翼展：80毫米

这种豆娘通常生活在人迹罕至的溪流和植物丰富的小池塘中。它们体型较大，且飞行速度较慢。

蚊蝇

蚊蝇属于双翅目昆虫，它们种类很多，大约有125,000个已知种。科学家们预估依然还有很多未发现的双翅目昆虫。

正如蝇类昆虫的名字那样①，它们具有良好的飞行能力。它们中许多成员有非常发达的感官功能，具有良好的视力和高效的嗅觉、味觉感受器，以便于发现食物和躲避潜在的捕食者。

蚊蝇对于许多开花植物来说是非常重要的，它们可以帮助植物授粉，清除掉植物的枯枝败叶，这使它们成为生态循环系统中的重要昆虫。蝇类的幼虫（蛆）能够以动植物的遗体、残骸和粪便等为食，被称为生态系统中高效的分解者。

反吐丽蝇

Calliphora vomitoria

遍布全球

翼展：14毫米

反吐丽蝇是一种十分常见的苍蝇，它们可以携带并传播一些致病的细菌或病毒。雌性成虫会在腐烂的肉类和动物粪便上产卵。当一只反吐丽蝇落在你的午餐上时，很有可能会传播致病的细菌，一定要当心！

① 蝇类的英文为flies，有飞行的意思。

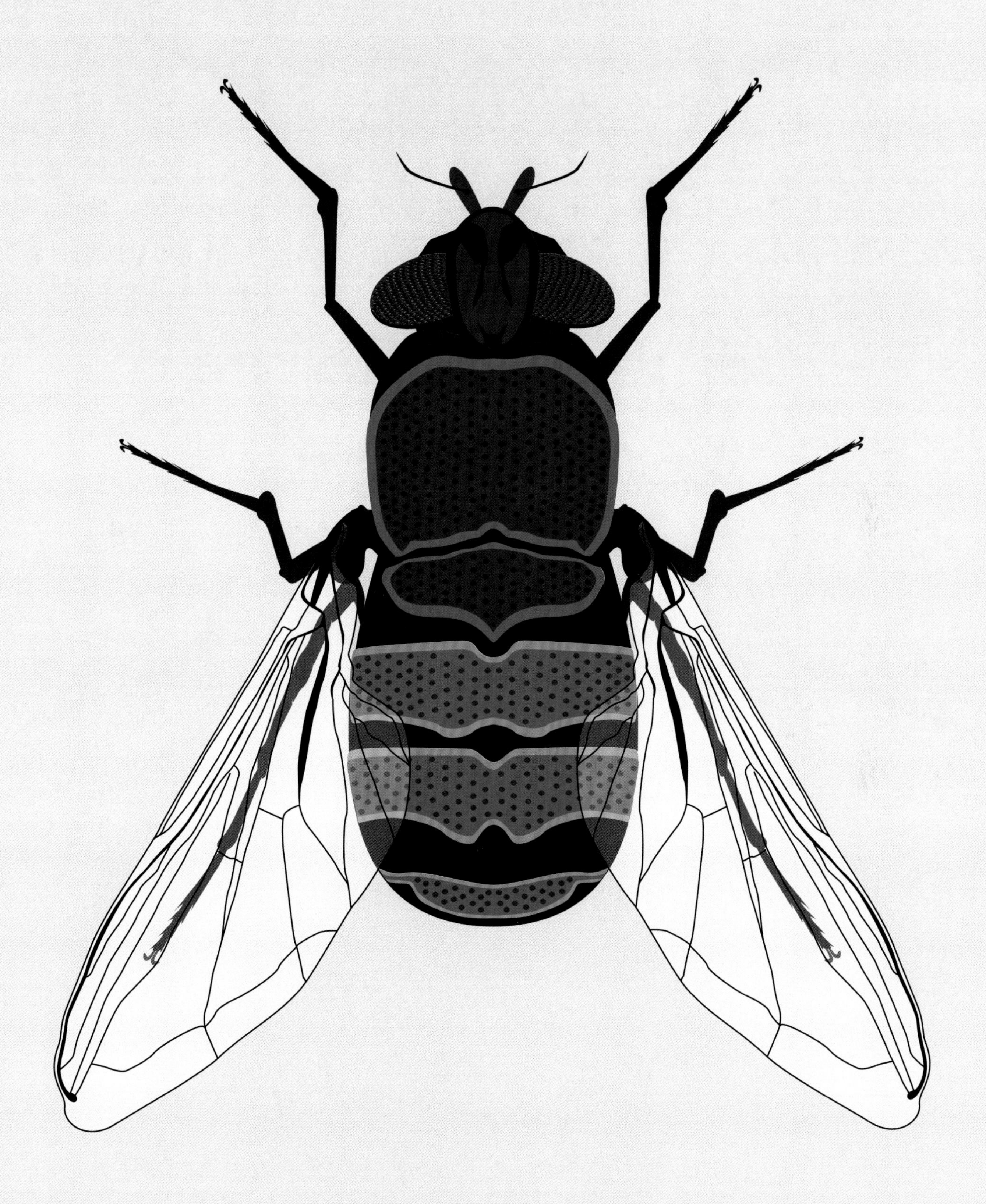

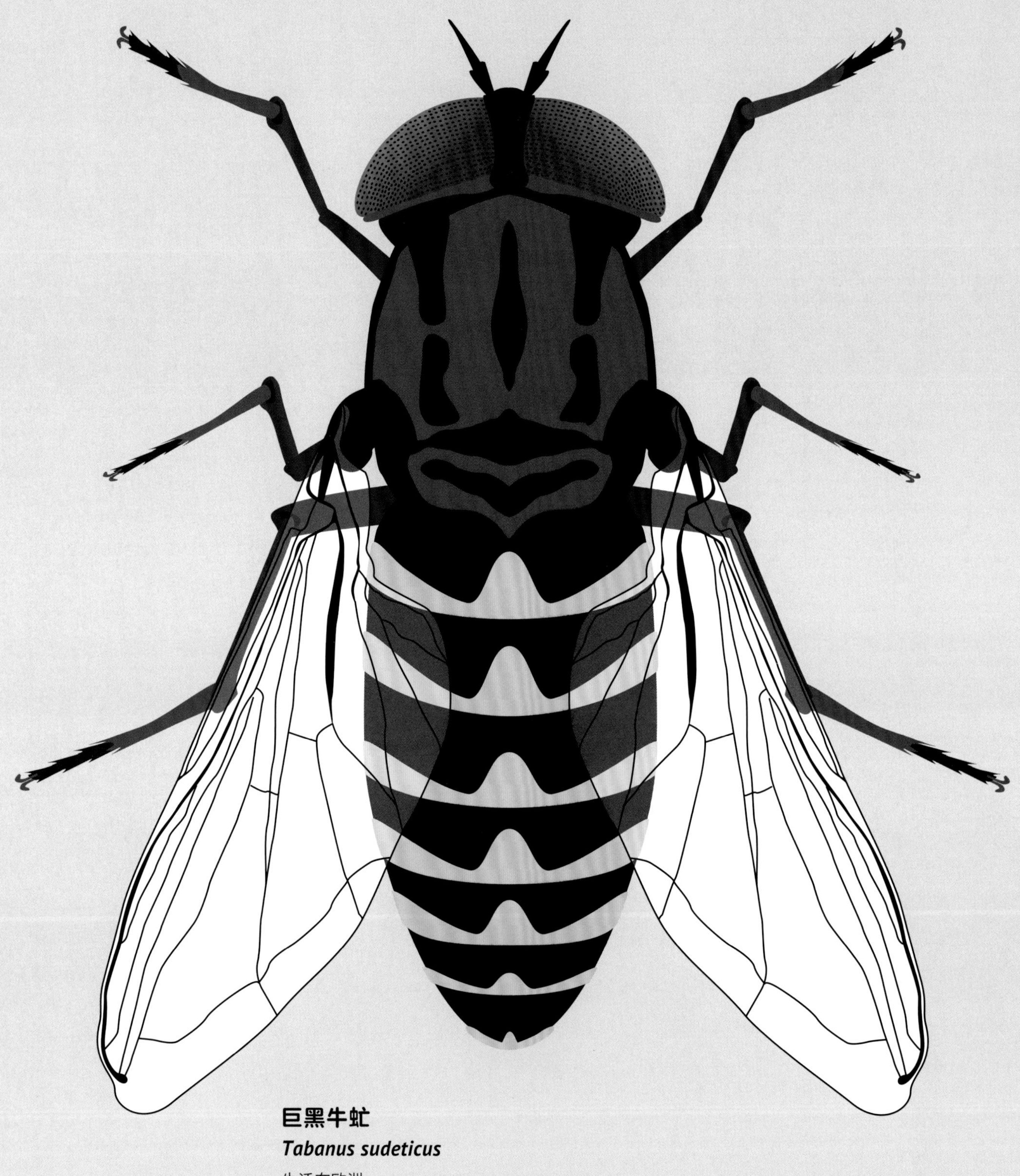

巨黑牛虻

Tabanus sudeticus

生活在欧洲

体长：25毫米

这种大型虻的雌性以马、牛和鹿的血液为食。有时它们还会吸食动物尸体腐烂后的液体。

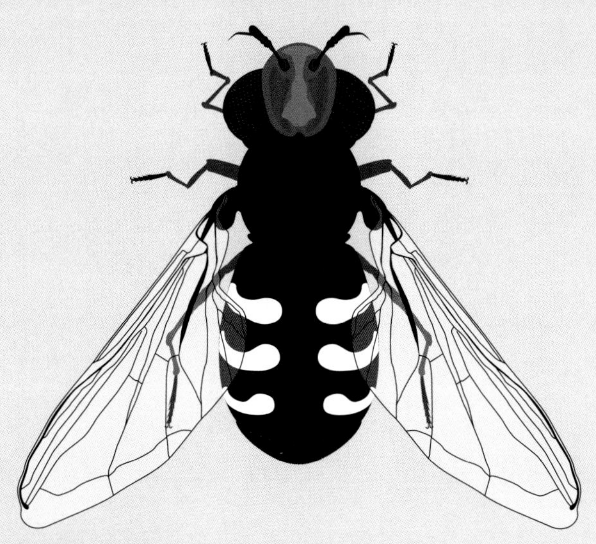

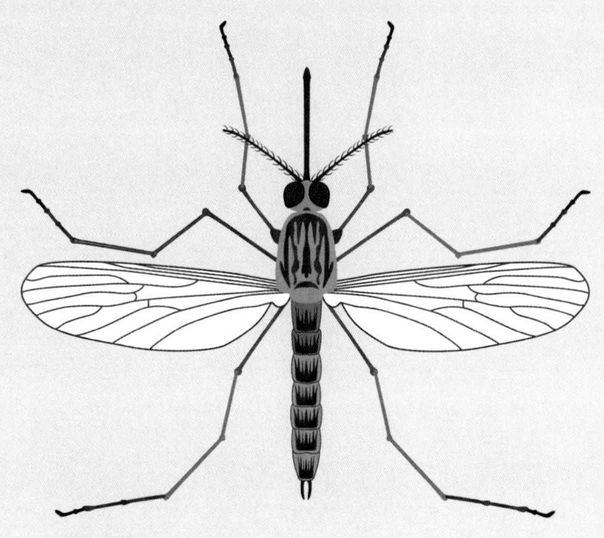

斜斑鼓额食蚜蝇

Scaeva pyrastri

遍布欧洲、北非及亚洲

体长：15毫米

这种常见的食蚜蝇以花蜜和花粉为食，它们尤其喜欢黑莓的花。

尖音库蚊

Culex pipiens

遍布全球

体长：7毫米

与许多种类的蚊子一样，雌性尖音库蚊为繁殖后代，需要吸食动物血液，它们会传播脑膜炎和西尼罗热等可能致命的疾病。

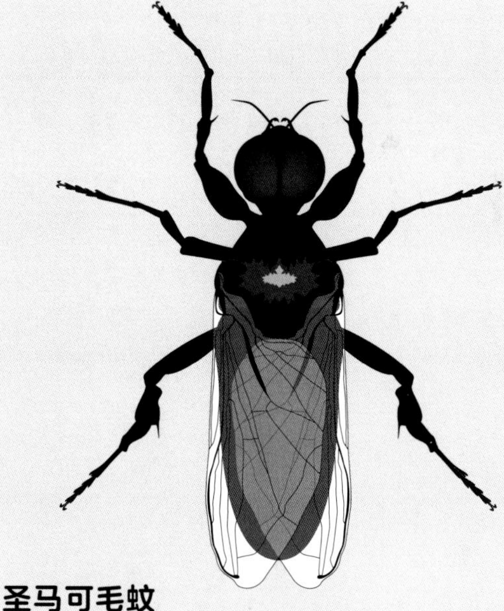

瓜实蝇

Bactrocera cucurbitae

分布在亚洲南部、非洲和夏威夷

体长：8毫米

瓜实蝇是瓜类作物的主要害虫之一。它们主要危害水果和蔬菜作物，如甜瓜、黄瓜和南瓜等。

圣马可毛蚊

Bibio marci

遍布欧洲

体长：12毫米

圣马可毛蚊经常出现在山楂树周围，这个名字源于它们的成虫通常在圣马可节（4月25日）前后出现。

螳螂、竹节虫和叶䗛

螳螂是螳螂目的昆虫。它们是天才捕猎者，敏锐的视力利于寻找猎物，强壮的前足用于捕捉，锋利的口器用于咀嚼。它们通常以其他昆虫、小爬行动物、小型两栖动物甚至是鸟类为食。

竹节虫和叶䗛是竹节虫目的昆虫。它们能很好地和所在环境融为一体，人们称它们为动物王国最神奇的伪装大师。

兰花螳螂

Hymenopus coronatus

生活在亚洲东南部热带地区

体长：60毫米

兰花螳螂进化出了惊人的外观，它们能模仿热带的兰花，身体与兰花花瓣的形状、颜色都非常相似。它们躲在兰花的花朵周围，让来访花的小昆虫误认为这些螳螂也是兰花的花朵，这些小昆虫就是它们的捕食对象。有一些小型的蜜蜂，本想要享受一顿兰花花蜜大餐，却因为没看出伪装成兰花的螳螂就在旁边，最终只能成为螳螂的一顿饱餐。

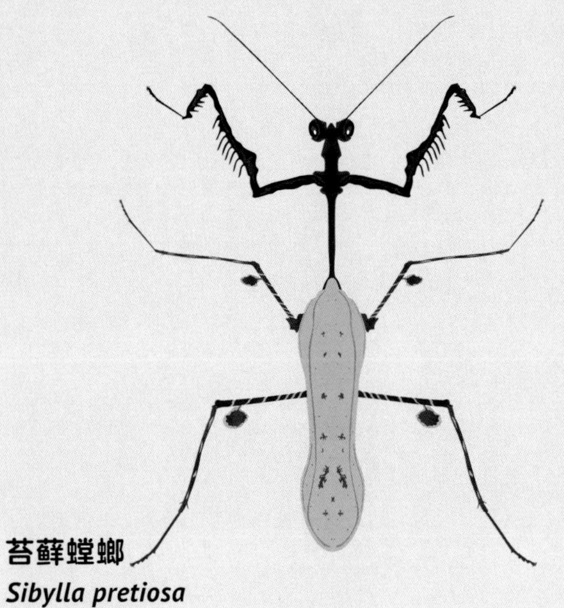

苔藓螳螂

Sibylla pretiosa

遍布非洲南部

体长：45毫米

这种神秘的螳螂生活在森林里，它们喜欢栖息在树皮上，将自己伪装成树皮，主要捕食苍蝇和飞蛾等小型昆虫。

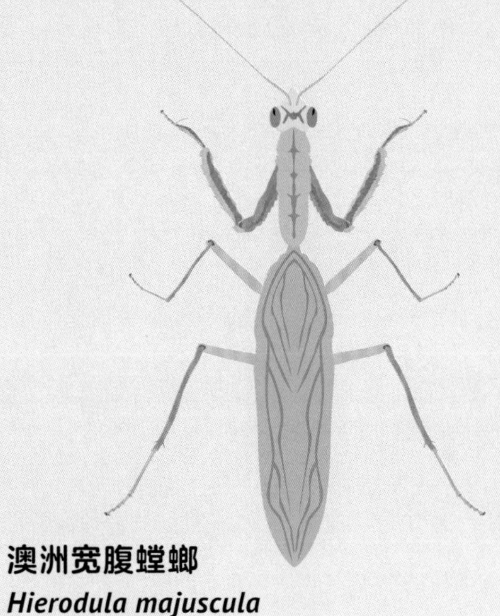

澳洲宽腹螳螂

Hierodula majuscula

生活在澳大利亚

体长：110毫米

100

这是一种极具侵略性的捕食者，它们会捕食各种各样的昆虫、蜘蛛，甚至有时会捕食一些小型蜥蜴和两栖动物。

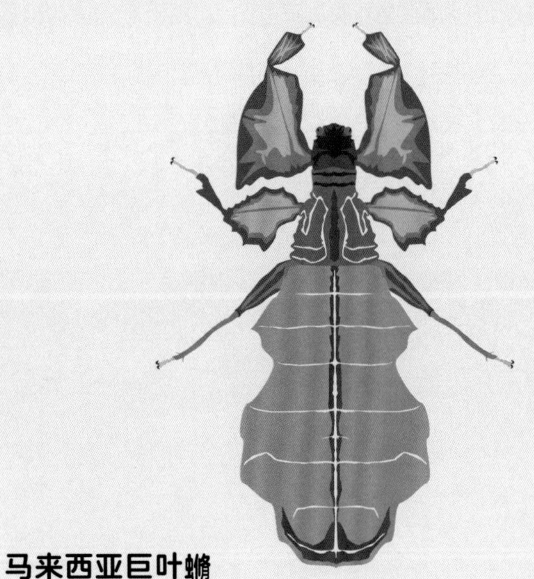

马来西亚巨叶䗛

Phyllium giganteum

生活在马来西亚的雨林中

体长：95毫米

这种昆虫非常善于伪装，它们生活在丛林中，用足挂在树枝上，甚至进化出了一种摇摆的行走方式来模仿树叶在风中运动的样子。

巨棘竹节虫

Eurycantha horrida

生活在巴布亚新几内亚的雨林中

体长：130毫米

100

与大多数靠伪装来躲避捕食者的竹节虫不同，巨棘竹节虫的足和腹部均生长有尖锐的刺，可以靠它们来很好地保护自己。

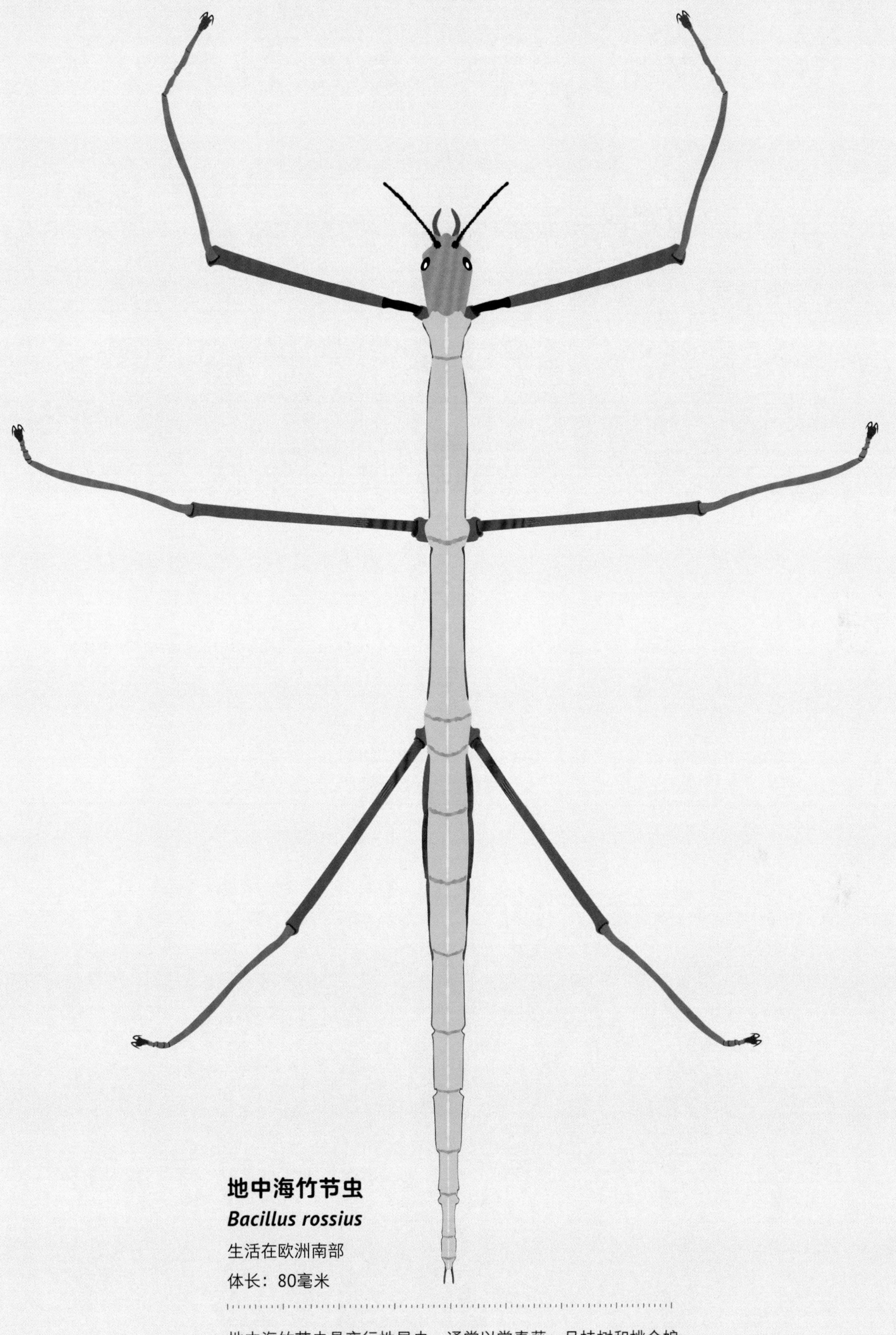

地中海竹节虫

Bacillus rossius

生活在欧洲南部

体长：80毫米

地中海竹节虫是夜行性昆虫，通常以常春藤、月桂树和桃金娘等植物的叶子为食。它们躲避捕食者的主要措施是伪装和装死。

螽斯、蝗虫和蟋蟀

螽斯、蝗虫和蟋蟀都是直翅目的成员。它们通常具有长长的身体，和能够帮助它们跳得很远的强壮后足。直翅目中有些成员可以通过后足摩擦翅膀发出美妙的声音，是昆虫王国中有名的音乐家。

直翅目中大多数成员是植食性，会啃食庄稼，对于农民而言它们是大害虫。有些蝗虫还有群飞的习性，它们的破坏力惊人，能够在一天内吃光整个作物种植园里的各种植物。

彩虹蝗

Dactylotum bicolor

分布在北美洲和墨西哥

体长：35毫米

彩虹蝗身体上的明亮颜色是一种保护性的适应，它们可以模仿其他颜色鲜艳的有毒昆虫，让捕食者害怕，不敢捕食它们。

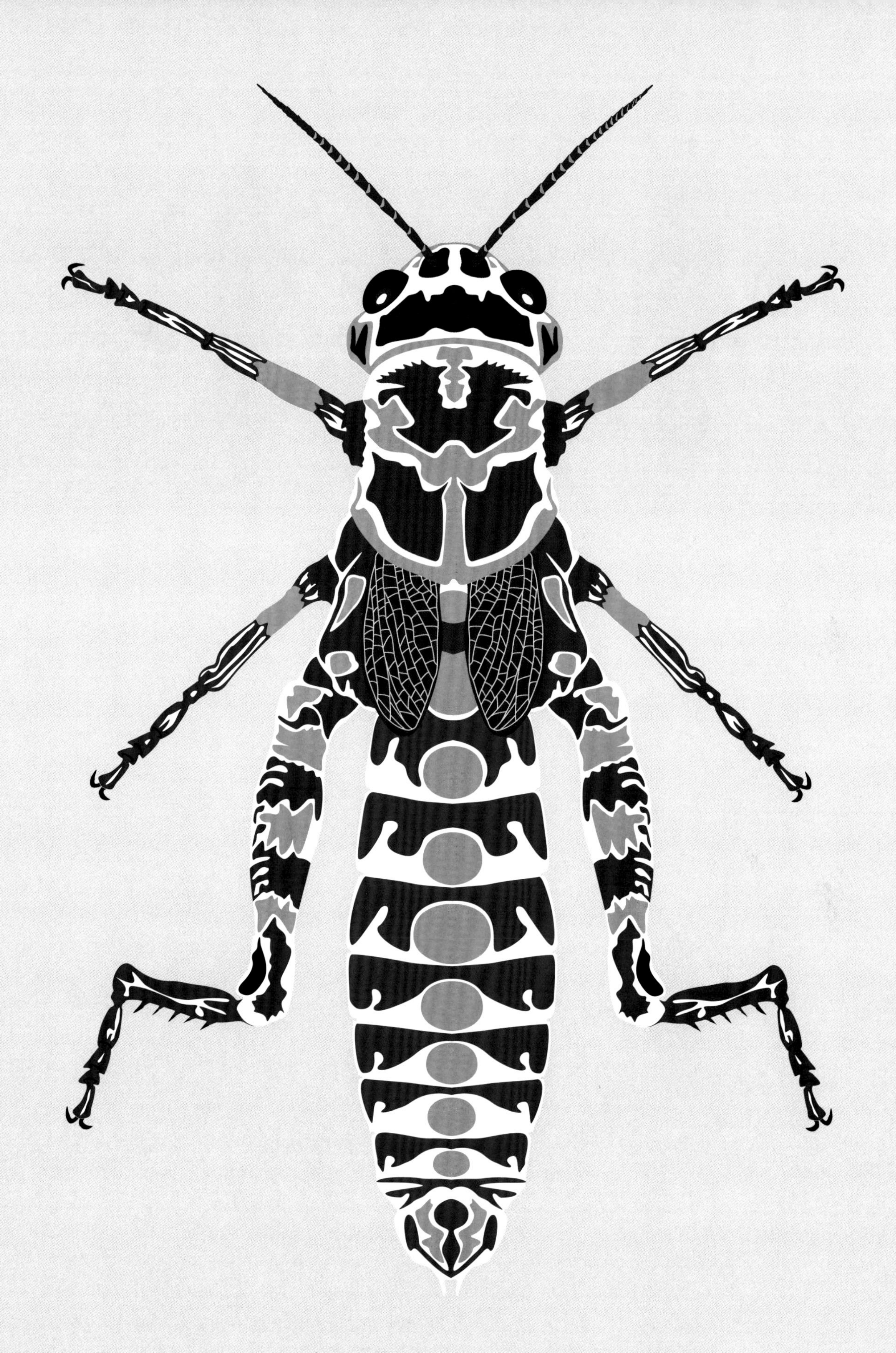

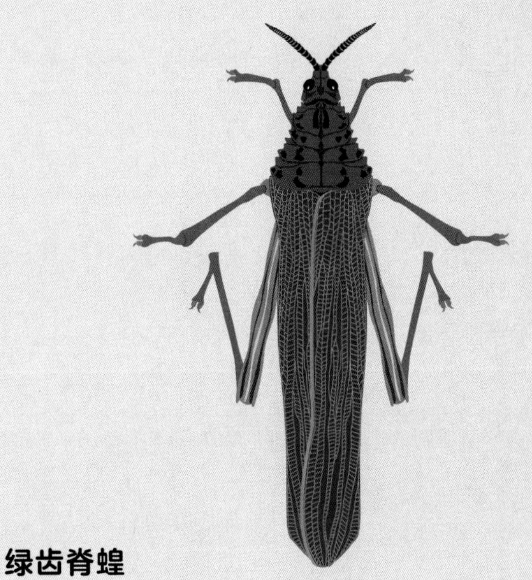

绿齿脊蝗

Phymateus viridipes

生活在非洲南部

体长：70毫米

这种蝗虫会成群结队地迁徙，长途跋涉穿越非洲。

南非沫蝗

Dictyophorus spumans

遍布非洲

体长：80毫米

这种蝗虫因为可以在位于胸部的腺体中产生有毒泡沫而得名。它们可以用这种有毒的泡沫阻止潜在的捕食者。

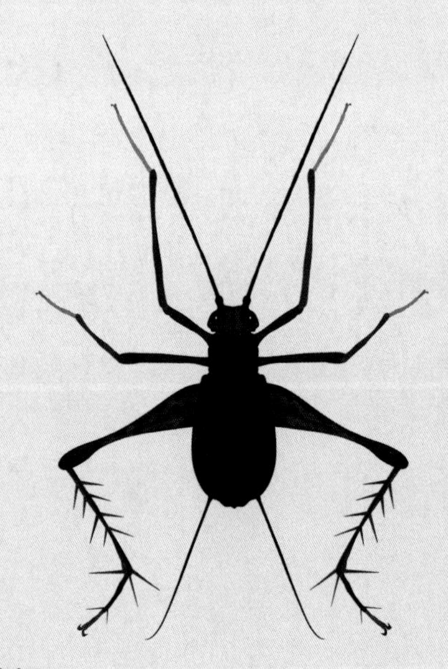

非洲穴驼螽

Speleiacris tabulae

生活在非洲中部和南部

体长：35毫米

这种昆虫通常生活在洞穴及其他阴暗、凉爽的地方，它们以苔藓为食。

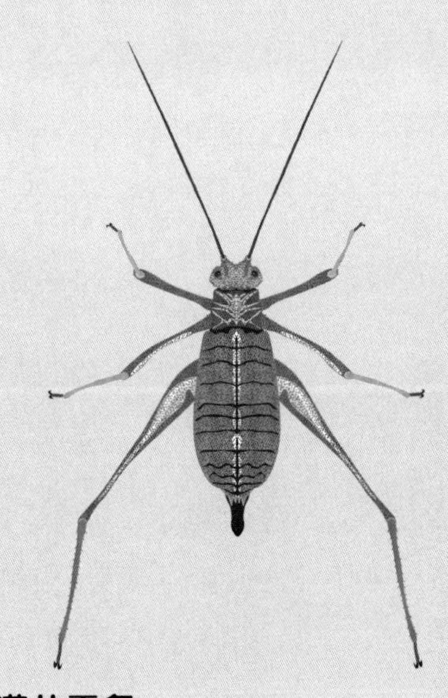

斑点灌丛露螽

Leptophyes punctatissima

分布在欧洲中部和南部以及中东

体长：16毫米

这种体型较小的露螽通常生活在林地边缘和灌木丛中。

库克海峡大沙螽

Deinacrida rugosa

分布在新西兰

体长：70毫米

尽管它们的体型较大，但它们也会受到许多种鸟和爬行动物的捕食。它们为了保护自己，将长而尖的腿伸到头上方，摩擦上腹板，发出咔嗒声，借此来恐吓捕食者。

蟑螂和白蚁

蟑螂和白蚁是蜚蠊目的成员，目前发现的该目成员大约有8,000种。

蟑螂和白蚁都是社会性昆虫。白蚁群中，每只白蚁都各司其职，相比于白蚁的社会性群体生活，蟑螂群内个体间的关系就要简单多了，它们主要是在一起生活和进食，个体间并没有明确分工。

由于白蚁喜欢啃食木材，因此它们会对木质结构的建筑和其他木质器件造成严重的破坏。

马达加斯加发声蟑螂

Gromphadorhina portentosa

生活在非洲马达加斯加岛

体长：70毫米

这种蟑螂可以利用身体内部的气囊推动空气通过腹部的气门，产生一种特有的嘶嘶声。

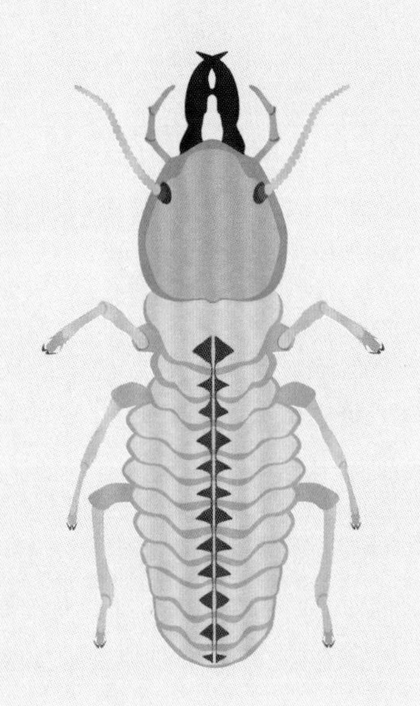

台湾家白蚁

Coptotermes formosanus

分布在亚洲东部、南非和北美

体长：5毫米

这种生活在地下的白蚁具有惊人的破坏力，会对蚁穴周围的木质物品造成严重的损坏，它们啃咬木质建筑和船只，破坏一切木质品。

犀牛蟑螂

Macropanesthia rhinoceros

生活在澳大利亚

体长：80毫米

犀牛蟑螂是蜚蠊目中身体最重的一种，这种蟑螂主要以腐烂的桉树叶为食。

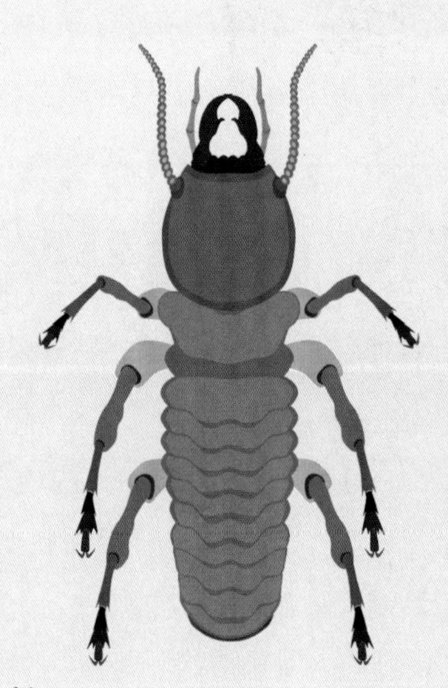

达尔文澳白蚁

Mastotermes darwiniensis

生活在澳大利亚北部

体长：12毫米

这种白蚁是比较原始的类群，它们看起来与小型的蟑螂非常相似。它们会将巢安在树干和树桩里。

淡色歪尾蠊

Symploce pallens

生活在美国南部、墨西哥、南美洲和亚洲东南部

体长：30毫米

这种蟑螂的繁殖速度非常快，是东南亚地区常见的害虫，对房屋、商店和餐馆等造成了很大的负面影响。

多米诺蟑螂

Therea petiveriana

发现于印度南部

体长：30毫米

多米诺蟑螂的外形与印度凶猛的肉食性甲虫——六斑步甲非常相似，这有助于它们骗过捕食者。

最大的昆虫和最小的昆虫

正如昆虫在颜色、形状和图案上表现出巨大的多样性一样，它们的身体尺寸也多种多样。

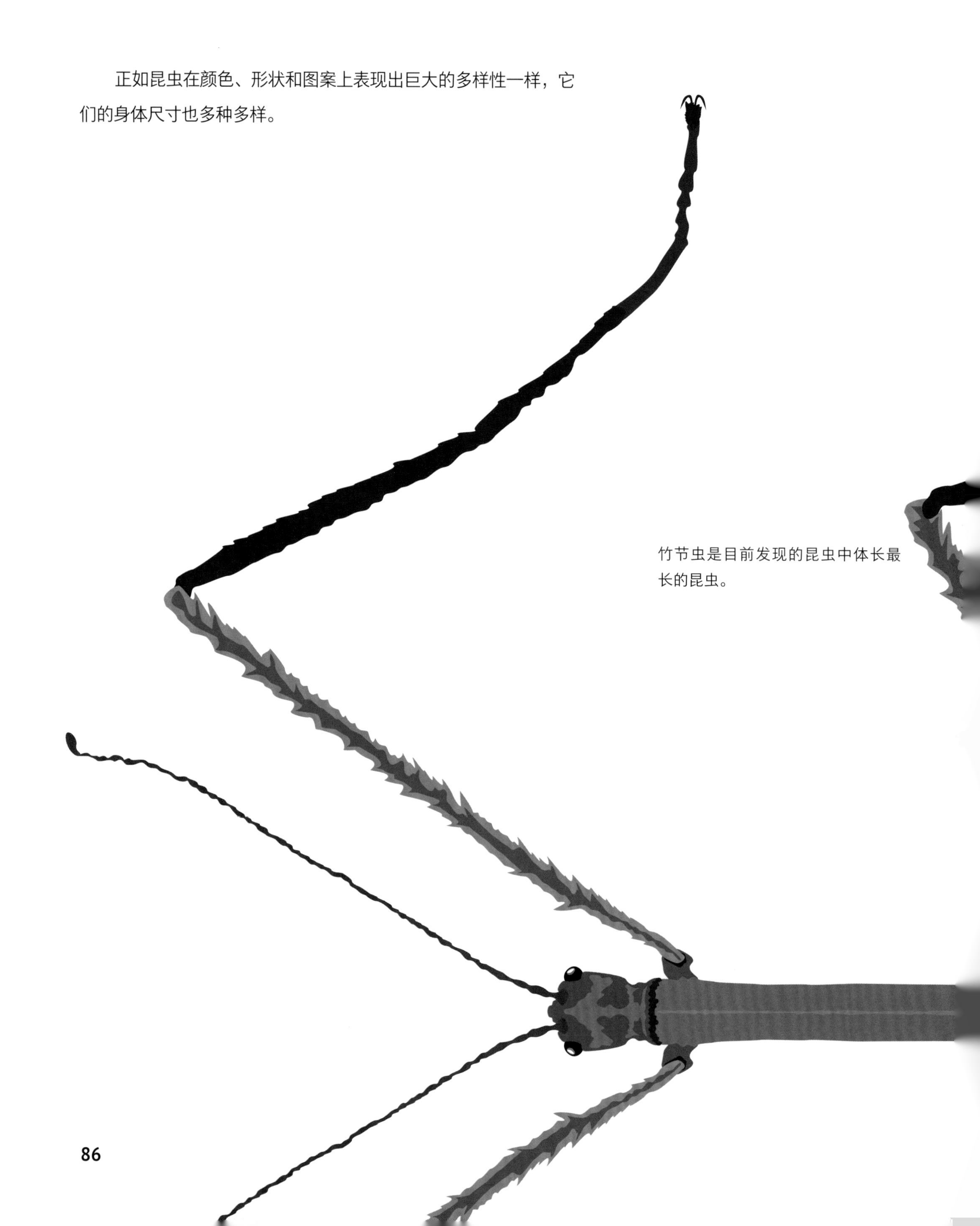

竹节虫是目前发现的昆虫中体长最长的昆虫。

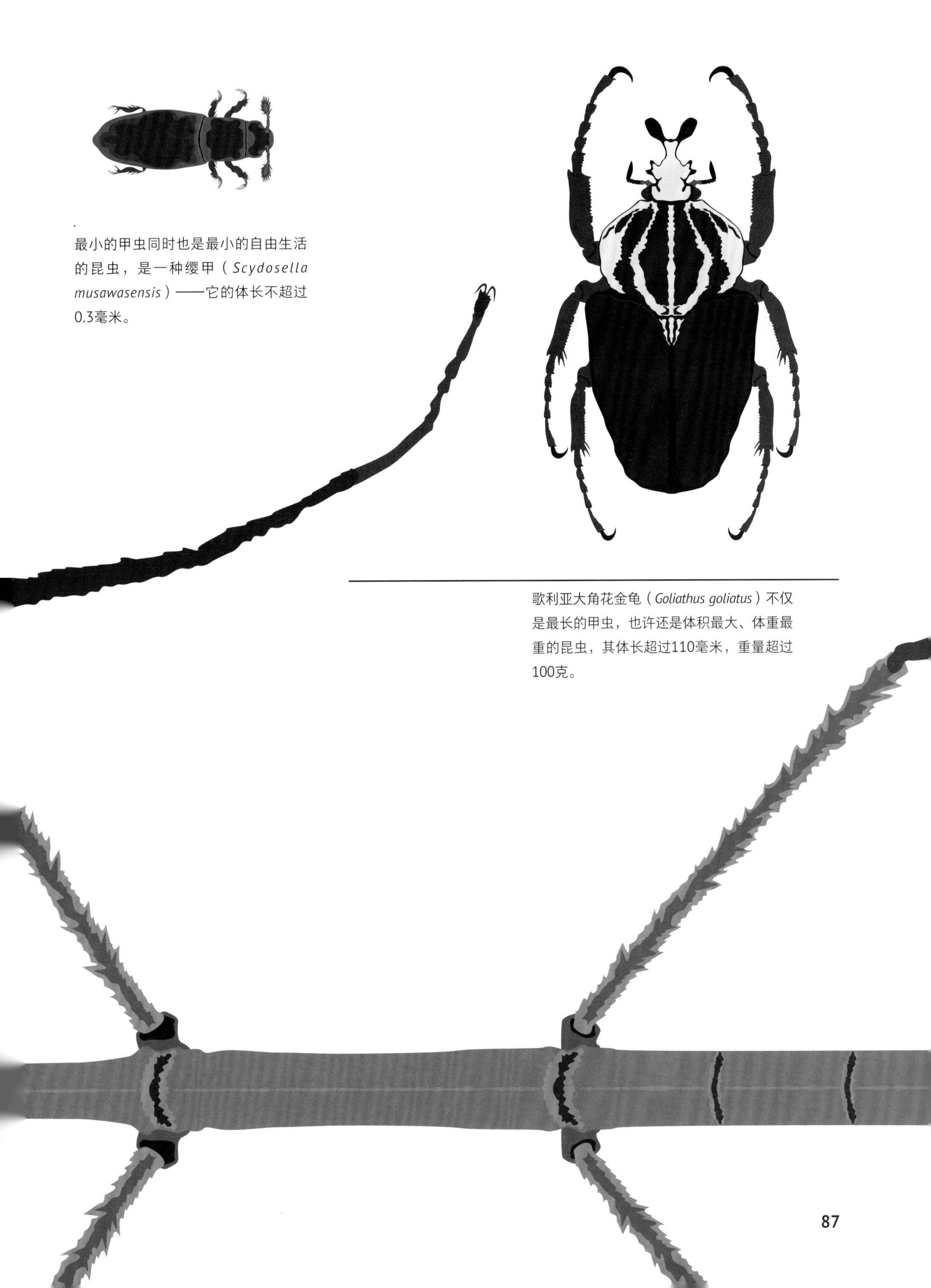

最小的甲虫同时也是最小的自由生活的昆虫，是一种缨甲（*Scydosella musawasensis*）——它的体长不超过0.3毫米。

歌利亚大角花金龟（*Goliathus goliatus*）不仅是最长的甲虫，也许还是体积最大、体重最重的昆虫，其体长超过110毫米，重量超过100克。

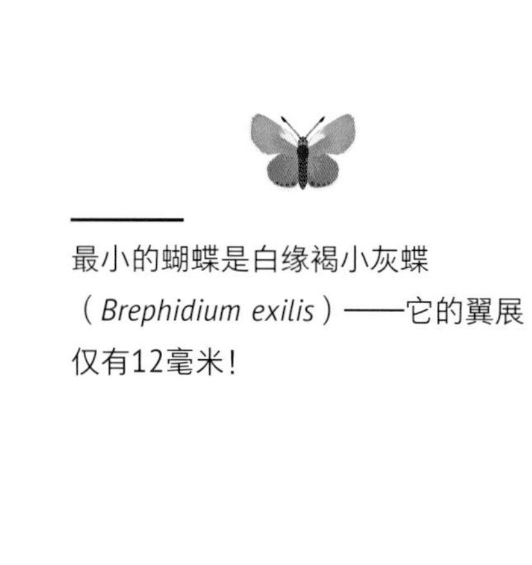

最小的蝴蝶是白缘褐小灰蝶（*Brephidium exilis*）——它的翼展仅有12毫米！

蜻蜓目中最大的昆虫是直升机豆娘（*Megaloprepus caerulatus*）——它的翼展可以达到190毫米。

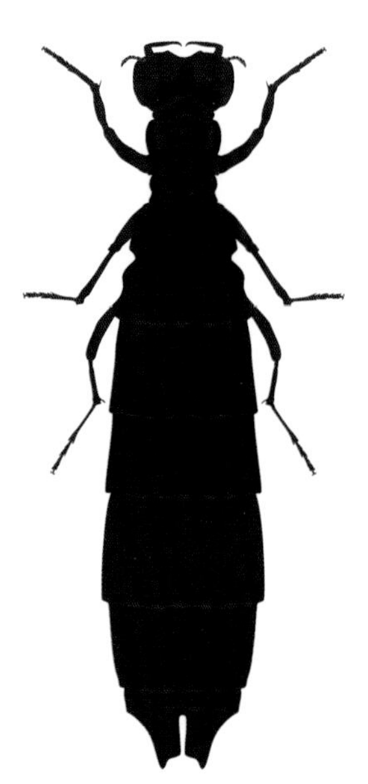

最大的蚂蚁是赤黄行军蚁（*Dorylus helvolus*）的蚁后——它的体长可以达到80毫米。

最大的蝴蝶是亚历山大鸟翼凤蝶（*Ornithoptera alexandrae*）——它的翼展可以达到250毫米以上。

最大的蝇类是一种拟食虫虻（英雄拟食虫虻，*Gauromydas heros*）——它的翼展有100毫米。

最危险的昆虫

尽管昆虫的体型非常小，但有些昆虫仍然十分危险。世界上最致命的昆虫本身并没有毒，但会引起一些致命的疾病，每年夺去数十万人的生命。这种昆虫会传播疟疾，被称为冈比亚按蚊（*Anopheles gambiae*）。疟疾是一种传染病，赤道带上的国家均有发现，它是由雌性冈比亚按蚊携带的**原生动物**疟原虫引起的疾病。疟原虫本身并不会使蚊子染病，这种可以携带**病原体**传播疾病的昆虫被称为**媒介昆虫**。

当蚊子落在较大的动物身上时，它会用长而尖的喙刺破这个动物的皮肤。蚊子的喙在皮肤下就像一根灵活的探针，可以自动寻找动物的血管。当它找到一根血管的时候，就会将长长的喙插入血管中。

在蚊子开始吮吸血液之前，它会先注入一些唾液。蚊子唾液的作用非常多，其中最重要的作用就是可以在蚊子吸血时使血液不会凝固。这些唾液就是蚊子叮咬后形成一个包的原因。如果蚊子被疟原虫所感染，蚊子的唾液中就会携带疟原虫，蚊子在向动物血液中注射唾液的同时，这些疟原虫就会被传到动物的血液中，从而引起疟疾。

雄性蚊子可以从植物的花蜜和汁液中获得足够的营养。雌性蚊子因为产卵，就需要获取包括蛋白质在内的一些特殊的营养物质。这就是为什么雌性蚊子需要以动物（或人类）血液为食的原因了。其他类型的蚊子同样可以以这种方式携带其他的病原体，但只有冈比亚按蚊可以传播疟疾。

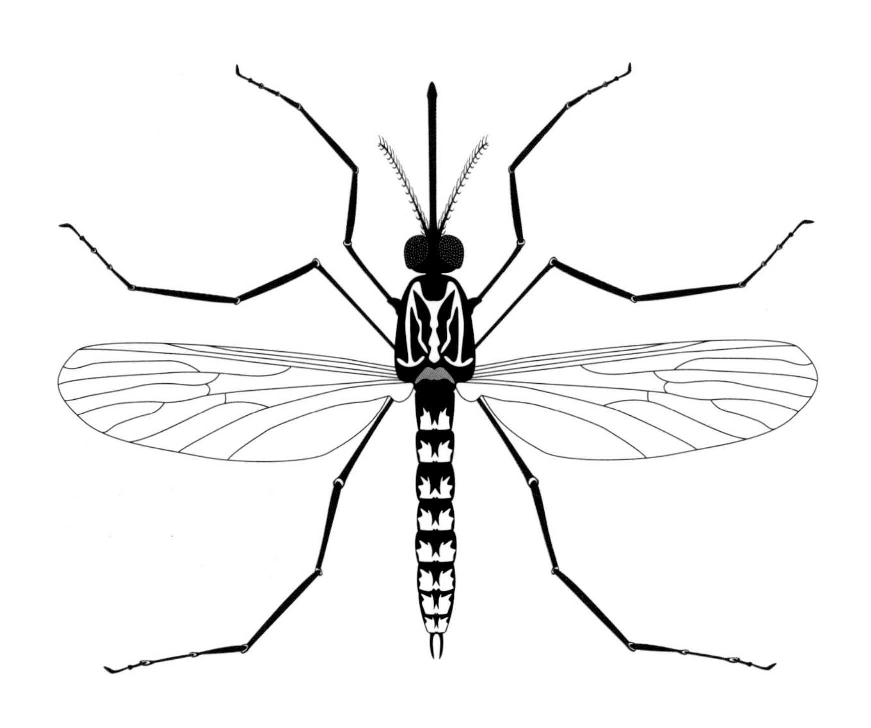

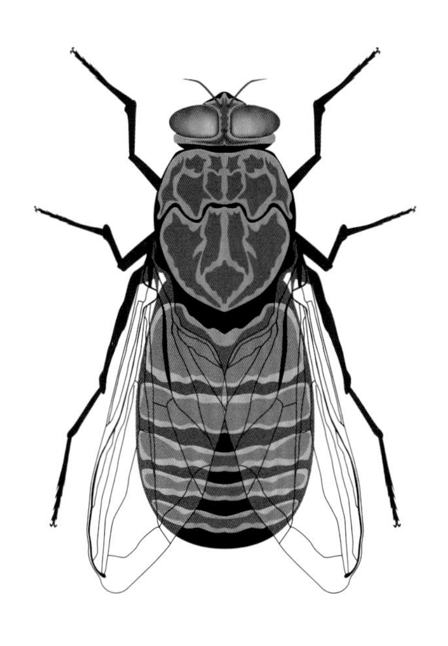

采采蝇（*Glossina palpalis*）也是一种媒介昆虫，这种昆虫可以传播一种叫作锥虫病的疾病，俗称昏睡病。这是一种很难治疗的严重疾病，在非洲中部，这种疾病导致了很多人的死亡。

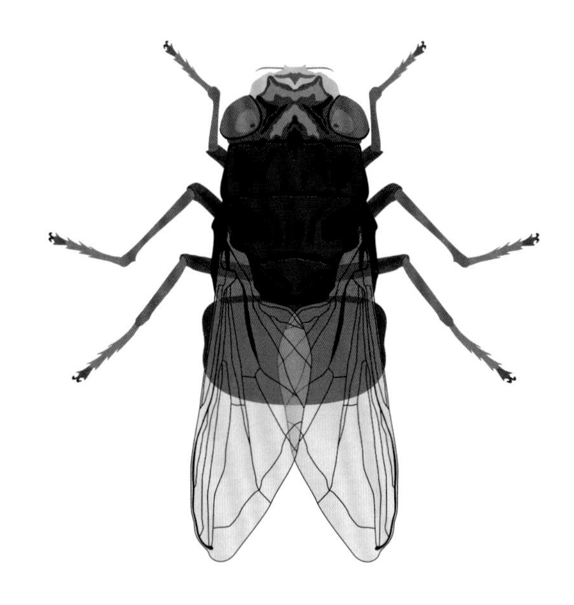

人皮蝇（*Dermatobia hominis*）是在南美洲和中美洲发现的一种昆虫，雌虫会捕获蚊子并在蚊子身上产卵。当蚊子叮咬人类时，这些卵就会被转移到人的身上并开始在人类的皮肤内发育成幼虫。当这些幼虫要化蛹时，就会从寄主的皮肤中钻出来，掉落到泥土中化蛹。在它们寄生的地方，皮肤会受到感染，有时甚至会感染大脑，造成儿童的死亡。

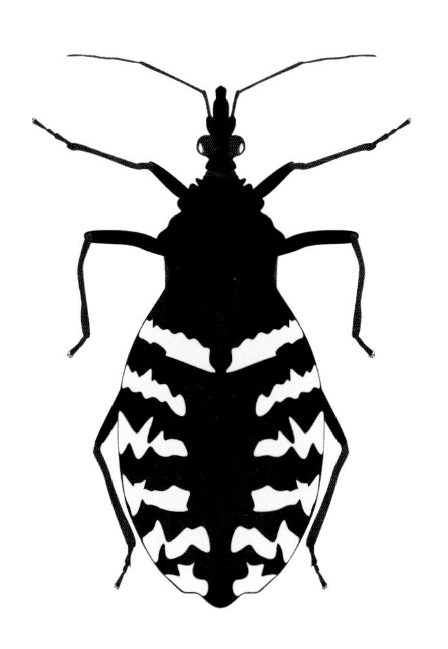

骚扰锥蝽（*Triatoma infestans*）会携带可以传播热带美洲锥虫病的原生动物。这种昆虫在取食时，会通过叮咬和吸血来传播这种疾病。 目前还没有可以预防这种疾病的疫苗，这种疾病会导致十分严重的心脏病。

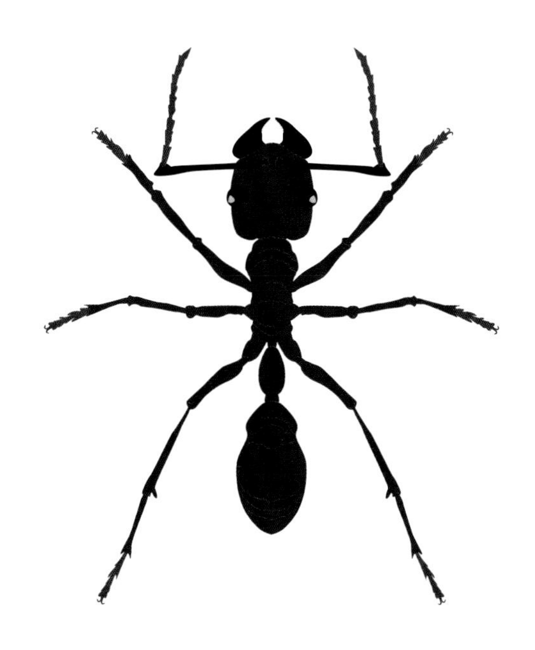

南美洲和中美洲的子弹蚁（*Paraponera clavata*）在所有的昆虫当中拥有最厉害的刺针。 在它的刺针中含有一种化学物质，我们称为**神经毒素**，这种化学物质会引起人类极度疼痛以及肿胀和麻痹。

益虫

总的来说，在地球上有很多不同种类的昆虫，它们对地球的生态系统，尤其是对人类是十分有益的。许多植物要想繁育下一代，就必须依赖于昆虫的帮助。昆虫会携带着一朵花的花粉传播到另一朵花上，完成植物间的授粉，这些能帮助植物授粉的昆虫是极其重要的，包括蜜蜂、蝇类、胡蜂、蝴蝶、飞蛾和蚂蚁。还有一些其他种类的昆虫，比如说瓢虫和食蚜蝇，它们就像“警察”一样，能将害虫绳之以法。昆虫界的“警察们”不但能够抓住那些破坏农作物的小型昆虫，还会吃掉它们，为自身提供能量。

步甲可以捕食偷吃蔬菜的蛞蝓和蜗牛，蜣螂能够处理掉动物的粪便，还有很多甲虫的幼虫和蝇蛆以死尸和腐木为食。

自然界中，昆虫的存在至关重要。为了吸引它们，植物进化出了明亮的颜色和分泌花蜜的蜜腺，让昆虫能够轻易地找到它们。我们一定要牢记这些昆虫对于我们有多么重要。

西方蜜蜂（*Apis mellifera*）是用来生产蜂蜜的、最主要的家养蜂。这种蜜蜂对于那些需要依靠它们传粉的蔬菜、水果等农作物的繁殖起到了非常重要的作用。

圣甲虫（*Scarabaeus sacer*）是分布于欧洲南部、中东和北非的一种蜣螂（屎壳郎）。它们以动物的粪便为食，还会把动物粪便收集并埋起来，这一举动对于其他动物来讲是非常有益的。它们是大自然的“清洁工”，更是生态链上的重要一环。

古埃及人看到圣甲虫把粪球滚到它们的地穴里，因而相信太阳是由圣甲虫神在天空中推着滚动的。

身上有七个斑点的瓢虫——七星瓢虫（*Coccinella septempunctata*）是英国最常见的瓢虫。七星瓢虫的成虫和幼虫都是蚜虫的捕食者。它们以危害植物的蚜虫为食，正因为这样，七星瓢虫保护了脆弱的植物幼苗免受蚜虫的伤害，这就是为什么瓢虫很受园丁们欢迎的原因了！

专业术语

特征 用于定义的特性。

六足动物 一类有六条足的节肢动物。

外骨骼 坚硬的外部骨骼。

头部 昆虫身体的第一部分，包含昆虫大脑、口器和感觉器官的头部坚硬结构。

胸部 昆虫身体的第二部分，包括了昆虫消化系统的前半部分和循环系统等。足和翅（如果有的话）与胸的外部相连。

腹部 昆虫身体的第三部分，包括昆虫的心脏、一部分消化系统、生殖器和刺等。

节肢动物门 动物界最大的一个门，是一类体表有外骨骼、具有带关节附肢的无脊椎动物。

门 分类学中的高级分类阶元。例如：节肢动物门。

触角 昆虫用于探测气味、温度、风向和空气振动的感觉器官，也可称为触须。

尾须 一些昆虫尾部的附肢。具有感觉、防御的功能，有些属于退化的结构。

退化结构 昆虫身体结构的一部分，由基因遗传，但不具有生物学功能。

幼虫 一些昆虫的第二生命阶段，在卵期的后面。

血淋巴 血腔内流动的血液和体腔液的混合，在无脊椎动物体内运输营养物质和氧气。

生物体 生物有机体，例如动物、植物或者细菌等。

分类学 科学家将生物体归类的方法。

纲 分类学上较高级的分类阶元。例如：昆虫纲。

目 分类学中较高级的分类阶元。例如：膜翅目（蜜蜂、胡蜂和蚂蚁等）。

科 分类学中较高级的分类阶元。例如：蚁科。

属 分类学中的第二级分类阶元，物种名的第一个词。例如：牛头犬蚁属。

种 分类学中最低一级的分类阶元。例如：红牛头犬蚁。

双名法 采用两个拉丁化的名词来命名物种的系统，第一个词表示属名，第二个词表示种名。

可育 有能力生育（有后代）的。

成虫 昆虫生命周期的最后阶段（或成年阶段）。

若虫 一些昆虫幼虫阶段的一种形式，这一阶段的昆虫看起来就像是成虫的缩小版。

蚜虫 小型半翅目昆虫，植物害虫。

蛹 昆虫在幼虫和成虫之间的生命阶段，不是所有的昆虫都有蛹期。

变态 昆虫从一个生命阶段到另一个生命阶段的转变。

复眼 由多个小眼集合组成的视觉器官。

小眼 构成复眼的独立单元。

捕食者 以其他动物为食的动物。

单眼 昆虫简单的光感受器，仅有一个晶状体。

嗅觉感受器 昆虫用于嗅闻和品尝物品（特别是食物）的器官。

听器 昆虫的听觉器官，有一层薄膜，像鼓一样，有声音传入时会振动。

肉食性 食肉的摄食习性。

非自发性生殖 一些雌性昆虫在产卵前需要吸食动物血液，以获得产卵所需的特殊营养物质，这种生殖特点叫非自发性生殖。

喙 昆虫用于取食的、延长的管状口器。

虹吸式 昆虫以喙取食的一种方法。

下唇 昆虫口器正面观的下半部分结构。

上颚 昆虫口器的一对结构，用于握住、切割或咀嚼食物。一些昆虫（例如锹甲）具有非常大的上颚，用于与其他同性争夺配偶时的搏斗。

下颚须 一些昆虫用于向口中运送食物的一对附肢。

几丁质 一种有稳定结构的多糖，用于构成节肢动物体表的外骨骼和翅。

群居昆虫 许多个体的昆虫聚集在一起，长时间共同生活。

真社会性 由不同世代的个体组成、营高级群体生活、成员间分工合作、共同完成群体工作的社会性昆虫。

原生动物 微小的单细胞生物。

病原体 能引起疾病的微生物。

媒介昆虫 体内带有传染性的病原菌，但自身不被感染的昆虫。

神经毒素 昆虫蜇刺的同时释放的一种烈性化学物质，这种物质会对被昆虫蜇咬的生物（或者人）的神经系统造成影响。

京权图字：01-2018-6154

Copyright © Pavilion Books LTD 2017
Text and illustrations Copyright © Simon Tyler 2017
First published in Great Britain in 2017 by Pavilion Children's Books
An imprint of Pavilion Books Company Limited, 43 Great Ormond Street, London WC1N 3HZ

图书在版编目（CIP）数据

疯狂小虫 /（英）西蒙·泰勒（Simon Tyler）著；姚云志译. -- 北京：外语教学与研究出版社，2018.11
ISBN 978-7-5213-0468-8

Ⅰ. ①疯… Ⅱ. ①西… ②姚… Ⅲ. ①昆虫学－普及读物 Ⅳ. ①Q96-49

中国版本图书馆 CIP 数据核字（2018）第 256337 号

出 版 人　徐建忠
项目策划　刘晓楠　刘雨佳
责任编辑　何　铭
责任校对　刘雨佳
装帧设计　李　高
出版发行　外语教学与研究出版社
社　　址　北京市西三环北路 19 号（100089）
网　　址　http://www.fltrp.com
印　　刷　北京华联印刷有限公司
开　　本　889×1194　1/16
印　　张　6
版　　次　2018 年 11 月第 1 版　2018 年 11 月第 1 次印刷
书　　号　ISBN 978-7-5213-0468-8
定　　价　78.00 元

购书咨询：（010）88819926　电子邮箱：club@fltrp.com
外研书店：https://waiyants.tmall.com
凡印刷、装订质量问题，请联系我社印制部
联系电话：（010）61207896　电子邮箱：zhijian@fltrp.com
凡侵权、盗版书籍线索，请联系我社法律事务部
举报电话：（010）88817519　电子邮箱：banquan@fltrp.com
法律顾问：立方律师事务所　刘旭东律师
　　　　　中咨律师事务所　殷　斌律师
物料号：304680001